Ecologia e cidadania

Ecologia e cidadania

Ecologia e cidadania

Carlos Minc

Professor adjunto do Departamento de Geografia da Universidade Federal do Rio de Janeiro (UFRJ). Obteve o mestrado em Planejamento Urbano e Regional pela Universidade Técnica de Lisboa (1978) e doutorou-se em Economia do Desenvolvimento pela Universidade de Paris I — Sorbonne (1984). Publicou *Como fazer movimento ecológico* (Editora Vozes), *A reconquista da terra* (Editora Jorge Zahar), *Ecologia e política no Brasil* (Espaço e Tempo/Iuperj) e *Despoluindo a política* (Editora Relume Dumará)

2ª edição

Edição reformulada

© CARLOS MINC 2005
1ª edição 1998

COORDENAÇÃO EDITORIAL	Lisabeth Bansi e Ademir Garcia Telles
PREPARAÇÃO DE TEXTO	Marta Lúcia Tasso
COORDENAÇÃO DE PRODUÇÃO GRÁFICA	André Monteiro, Maria de Lourdes Rodrigues
COORDENAÇÃO DE REVISÃO	Estevam Vieira Lédo Jr.
REVISÃO	Editora Mania de Livro
EDIÇÃO DE ARTE, PROJETO GRÁFICO E CAPA	Ricardo Postacchini
FOTO CAPA	Carlos Dário
COORDENAÇÃO DE PESQUISA ICONOGRÁFICA	Ana Lucia Soares
PESQUISA ICONOGRÁFICA	Vera Lucia da Silva Barrionuevo
	As imagens identificadas com a sigla CID foram fornecidas pelo Centro de Informação e Documentação da Editora Moderna.
DIAGRAMAÇÃO	Camila Fiorenza Crispino
COORDENAÇÃO DE TRATAMENTO DE IMAGENS	Américo Jesus
TRATAMENTO DE IMAGENS	Fabio N. Precendo
SAÍDA DE FILMES	Helio P. de Souza Filho, Marcio Hideyuki Kamoto
COORDENAÇÃO DE PRODUÇÃO INDUSTRIAL	Wilson Aparecido Troque
IMPRESSÃO E ACABAMENTO	LIS gráfica
LOTE	277225

Dados Internacionais de Catalogação na Publicação (CIP)
(Câmara Brasileira do Livro, SP, Brasil)

Minc, Carlos, 1951- .
    Ecologia e cidadania / Carlos Minc. — 2. ed. —
São Paulo : Moderna, 2005. — (Coleção polêmica)

ISBN 85-16-04567-6
Bibliografia.

1. Cidadania 2. Democracia 3. Ecologia
4. Educação ambiental (Ensino médio) 5. Meio
ambiente 6. Política ambiental I. Título.
II. Série.

05-1317   CDD-304.2

Índices para catálogo sistemático:
1. Educação ambiental : Ecologia humana 304.2
2. Política ambiental : Ecologia : Sociologia 304.2

Reprodução proibida. Art.184 do Código Penal e Lei 9.610 de 19 de fevereiro de 1998.

Todos os direitos reservados

EDITORA MODERNA LTDA.
Rua Padre Adelino, 758 - Belenzinho
São Paulo - SP - Brasil - CEP 03303-904
Vendas e Atendimento: Tel. (0_ _11) 2790-1300
Fax (0_ _11) 2790-1501
www.modernaliteratura.com.br
2018

Impresso no Brasil
1   3   5   7   9   10   8   6   4   2

Dedico este livro aos queridos amigos Chico Mendes e Betinho, exemplos históricos de dignidade e formadores de cidadania plena e solidária.

Agradeço o apoio de meus pais, Luiz e Fanny, de meus filhos, José Luís e Daniel, e de minha mulher, Guida, que me deram carinho bastante para escrever este livro com bom astral ecológico.

Sumário

INTRODUÇÃO 8

1. Do preservacionismo à Ecologia Social 12
Ecologia: como surgiu 12
O homem e o meio ambiente.. 14
Espécies ameaçadas e preservadas... 18
A Ecologia Social... 20
A era da recusa 21

2. Cidadania ecológica 25

3. O meio ambiente na História 33
Agressão ao meio ambiente precede o capitalismo............................ 33
Povos das Américas 34
Índios no Brasil... 37
Escravismo colonial: devastação na África e no Brasil 42
Escravismo e destruição da mata Atlântica 44
Guiné-Bissau... 45
Agressão ambiental e populações 47

4. Ecologia urbana 49
O organismo urbano está doente 49
A cidade do cidadão 51
Transporte: o veneno no ar 53
Água — o veneno nas torneiras 59
O lixo urbano 64
Orçamento participativo 69

5. Educação ambiental... 71
Ecologia na sala de aula e na sociedade... 71
Reciclagem nas escolas... 73
Educação ambiental informal 74

6. Ecologia humana 77
A saúde segundo a ecologia 77
Saúde mental 79
Invasão farmacêutica 82
A industrialização do parto....................................... 83
A esterilização em massa 86
População e recursos 87
Nacionalismos e fascismos.. 90
Mulher, controle, informação e liberdade 91

7. Ecologia do trabalho 95
A contaminação nas fábricas 95
Jateamento de areia e silicose nos estaleiros navais........................ 99
Bastamianto... 101
Mercúrio 104
Chumbo e benzeno.. 106

8. Economia política do meio ambiente..................... 109
Da economia ao cotidiano... 109
Como se mede o crescimento econômico.................... 110
Contabilidade socioambiental 115
O exemplo do carvão em Santa Catarina 116
O exemplo do Pró-álcool 117

9. Cidadania ecológica - autonomia e autogestão 122
Desenvolvimento humano integrado 122
A importância da liberdade na luta ecológica 125
Autogestão, empresas públicas e conselhos.................. 127

10. Programa aplicado de cidadania ecológica 130
Desafios da ecopolítica... 130
Reforma agrária ecológica 131
Políticas de emprego 132
Uma trégua ecológica para a Amazônia 134
Uma nova matriz energética 139

CONSIDERAÇÕES FINAIS 147

BIBLIOGRAFIA 150

Introdução

A ecologia foi banalizada pela mídia. Fosse para entrar nos programas infantis da televisão, fosse para neutralizar a força transformadora das ideias ecológicas, ela foi reduzida à ideia de amor aos animais e a conselhos como "não jogue papel no chão", "apague as luzes de casa ao sair" ou "cuidado com o buraco na camada de ozônio — proteja sua pele".

Essas sugestões são boas mas tratar a história, a teoria e a prática do movimento ecológico de forma caricatural e ingênua dificulta o conhecimento da luta ecológica, das histórias de resistência e de aliança com movimentos sociais que possibilitaram, entre outras coisas, transformar a tecnologia de grandes fábricas, substituir combustíveis poluentes e garantir a sobrevivência de nações indígenas.

Ecologia sem história e sem conteúdo torna impossível compreender a luta do seringueiro Chico Mendes — a defesa dos seringais do Acre e dos povos da floresta —, bem como a causa de sua morte a mando dos fazendeiros da região.

Nas salas de aula, a ecologia é tratada como um conjunto de conhecimentos científicos e informações sobre ciclos biológicos e ecossistemas, incluindo fauna, flora e cadeias alimentares. O conhecimento desses fenômenos é indispensável para a compreensão da vida no planeta Terra e ajuda a defender o meio ambiente, mas não é suficiente. Não basta conhecer a fotossíntese para entender por que se usam milhões de toneladas de agrotóxicos no Brasil, quais são as alternativas para eles e o que se pode fazer para viabilizá-las.

Enquanto os ambientalistas se limitavam a subir em montanhas com sanduíches naturais nas mochilas, a criticar o crescimento industrial e escrever poesia sobre a morte das cachoeiras, eles eram considerados exóticos e líricos, mas não representavam ameaça. Quando o movimento ecológico se uniu aos cientistas, aos trabalhadores e aos estudantes, conseguindo aprovar leis e ganhando ações na Justiça contra empresas poluidoras, passou a ser respeitado e ouvido.

Empresas e governos a princípio se limitaram a mudar seus discursos, incorporando-lhes alguns conceitos ambientais e mostrando lindas imagens de animais e florestas nos seus comerciais na televisão, mas não transformaram suas práticas produtivas predatórias.

Posteriormente, essa "maquiagem verde" foi desmascarada e a sociedade passou a fiscalizar e a exigir mais. Governos e empresários começaram então a mudar lentamente seu comportamento e a cumprir alguns aspectos da legislação ambiental, adotando tecnologias menos agressivas ao ambiente.

A poluição não é democrática. Ela pode afetar a todos com o risco nuclear e o buraco na camada de ozônio; a poluição maior no entanto está dentro das fábricas, nas favelas e nas cidades operárias, como Cubatão, onde doze crianças nasceram com anencefalia, descerebradas, por causa da exposição de suas mães aos gases tóxicos durante a gravidez. As crianças que nascem nas proximidades de complexos químicos e siderúrgicos poluidores chegam a ter esperança de vida até dez anos menor do que as que nascem em bairros sem toneladas diárias de veneno no ar.

Ecologia não é receita de bolo. Ela representa coisas diferentes para cada classe social, pois sua percepção está ligada às experiências sociais concretas. Para o pescador, a ecologia é a defesa do litoral, dos cardumes e dos manguezais, a luta contra o óleo derramado e a pesca predatória. A visão ecológica, para os taxistas, começou com a campanha pelo uso do gás natural nos táxis, um combustível barato e 90% menos poluente.

Para o agricultor, a consciência ambiental parte da conservação do solo e da água, da busca de alternativas aos agrotóxicos e às queimadas. O primeiro ambiente a ser despoluído, para o operário, é o seu ambiente de trabalho, em que pulmões, tímpanos e sistema nervoso sofrem agressões dia após dia. Para os seringueiros, a ecologia é a defesa da Amazônia e dos seringais, base do extrativismo e da sobrevivência dos povos da floresta. O morador da cidade percebe a agressão ambiental por meio do barulho, da fumaça, do lixo, da praia poluída.

O desafio é maior do que encontrar soluções criativas e viáveis para cada demanda isoladamente. É necessária a integração dessas diversas percepções, a fim de se criar uma consciência abrangente que beneficie a cidadania em seu conjunto.

Este livro trata da ecologia integrada à cidadania, ao dia a dia, mostrando como se forma a consciência ecológica e como esta pode transformar a economia, a saúde, as tecnologias, as cidades, enfim, o comportamento. Tentarei repassar experiências teóricas e práticas de forma simples e didática, mas, ainda que eu tentasse, jamais conseguiria deixar de expressar no texto a paixão que me move nessas questões vitais para a nossa e para as futuras gerações.

A sequência de capítulos parte de conceitos, teoria e história e incorpora as manifestações e propostas da ecologia contemporânea. O capítulo 1 trata da formação e da evolução do pensamento ecológico e da inter-relação da ecologia com diferentes aspectos da vida cotidiana. O conceito de cidadania ecológica e sua constituição na sociedade estão sintetizados no capítulo 2. O componente histórico da questão ambiental, incluindo as relações entre o colonialismo, o escravismo e os povos indígenas, é desenvolvido no capítulo 3. O conceito de ecologia urbana (capítulo 4) integra a análise dos transportes, do planejamento urbano, do lixo e do esgoto como fatores que influenciam a qualidade ambiental de vida. A educação ambiental (capítulo 5) é tratada como mudança de comportamento dentro e fora da sala de aula. O conceito de ecologia humana (capítulo 6) estabelece a ponte entre meio ambiente e saúde e conecta a questão populacional a temas da cidadania, como feminismo e racismo.

A ecologia do trabalho (capítulo 7) é a parte mais original do livro. Com base em experiências recentes, algumas das quais vitoriosas, o capítulo descreve a crueza do drama ambiental dentro das fábricas e como as tecnologias "sujas" foram substituídas em importantes indústrias. A economia do meio ambiente (capítulo 8) relaciona as opções econômicas com reflexos no ambiente social. O conceito de custo socioambiental é exemplificado nos casos do Pró-álcool e da extração do carvão em Santa Catarina. A proposta de desenvolvimento humano (capítulo 9) integra as soluções ecológicas com os sistemas de gestão e de participação. As utopias ecológicas dependem da transparência, da radicalidade democrática e da afirmação de novos valores. Programas aplicados de cidadania ecológica (capítulo 10) para setores como a agricultura, para regiões como a Amazônia e para a matriz energética combinam princípios gerais da ecologia com a resolução de problemas sociais e econômicos. A conclusão retoma os principais aspectos apresentados e lança um olhar sobre o futuro.

Muitas dezenas de livros foram publicados no Brasil sobre a questão ambiental. Este trata da ecologia partindo da cidadania, das experiências sociais e de uma postura de transformação. Todos lamentamos as agressões ambientais, a destruição da fauna, da flora e o efeito estufa. Chegou o momento de entendermos a história e a lógica dessas agressões e nos capacitarmos para enfrentá-las, apontando novo sentido para o desenvolvimento da economia, da cidadania e da liberdade em sociedades mais justas, que respeitem todas as formas de vida e de cultura.

1. Do preservacionismo à Ecologia Social

Ao longo dos tempos a percepção, o objeto e o ativismo na área ecológica foram se transformando. Da defesa das espécies animais e das florestas, o ambientalismo chegou aos sistemas produtivos, à vida urbana e passou a abranger questões como a paz, a saúde, as tecnologias, os direitos do consumidor e do cidadão.

Ecologia: como surgiu

Em meados do século XIX, as pesquisas na área da ecologia natural ganharam consistência com os estudos dos sistemas florestais e marinhos, mais tarde desenvolvidos nos cursos de Biologia. O biólogo alemão Ernest Haeckel aprofundou as relações que se estabelecem entre a fauna e a flora e o seu ambiente físico. Desenvolvendo diferentes aspectos dessa interação, Haeckel estruturou o conhecimento científico do funcionamento do nicho relacionado com o seu entorno ou da lógica da casa (*oikos*, em grego), origem do conceito "ecologia".

Conectando esses estudos com a Geografia, a Química e a Física, a ecologia natural desenvolveu os princípios do equilíbrio dos ecossistemas, os quais estão fundados na interdependência dos seus diferentes elementos constitutivos. Interferir em um elemento do ecossistema pode implicar alteração de todo o seu equilíbrio. Mudar o curso de um rio, desmatar uma encosta ou eliminar alguns insetos são atitudes que podem ocasionar mudanças no solo, na fauna e no microclima. Antes do estabelecimento desses nexos causais, os efeitos de determinadas obras e intervenções humanas somente eram percebidos anos depois. Nas últimas décadas, os ambientalistas passaram a exigir antecipadamente relatórios de impacto ambiental para se prevenir contra consequências nefastas.

A dinâmica e o equilíbrio dos ecossistemas dependem de sua biodiversidade — da quantidade e da qualidade das espécies neles existentes e das interações que elas estabelecem entre si e com o meio físico. Quando os ecossistemas são empobrecidos ou simplificados pela ação humana, com a introdução de monoculturas, grande número de espécies vegetais e animais é suprimido e o equilíbrio é fragilizado. As pragas constituem uma das expressões desse desequilíbrio.

O conceito de "cadeia alimentar" traduz os fluxos e as trocas de energia dos ecossistemas: as plantas que recebem a energia solar e se nutrem de substâncias inorgânicas do solo são o alimento dos herbívoros, e estes constituem o cardápio dos carnívoros. Bactérias e fungos decompõem os

O manguezal é uma ponte entre as formas de vida terrestres e marinhas. Em seu entorno, desenvolvem-se mais de 300 formas de vida em cadeias alimentares. Os manguezais estão protegidos por leis municipais, estaduais e federais, mas continuam sendo dizimados.

organismos que, quando mortos, realimentam o fundo de fertilidade natural do solo, e assim é recarregado para sustentar novos ciclos.

A destruição de um manguezal bloqueia a reprodução de peixes e crustáceos que dele se alimentam, limita a existência de aves e causa dificuldades às famílias dos pescadores que dependem dos cardumes.

O homem e o meio ambiente

O homem interfere nas cadeias alimentares ao extinguir espécies animais ou vegetais por meio da caça predatória e da degradação ambiental, ou eliminando, por processos químicos, insetos que se alimentam de parasitas e que são alimento dos sapos, das lagartas e dos pássaros.

O combate aos insetos por agrotóxicos elimina outras espécies atingidas pelo veneno. Na ausência de predadores naturais (eliminados), outros insetos aumentam sua população e se convertem em novas pragas, que por sua vez serão objeto de novos agrotóxicos mais poderosos, provocando mais desequilíbrios e a fragilização do sistema.

Quem ganha e quem perde? Perdem a natureza, os agricultores endividados e contaminados e os consumidores de alimentos mais caros e com maiores doses de veneno. Ganham os fabricantes e os vendedores de agrotóxicos, que no Brasil movimentam anualmente 5 bilhões de reais.

O despejo de efluentes (esgotos) industriais, contendo metais pesados e substâncias cancerígenas, interfere diretamente nas cadeias alimentares. Vejamos três exemplos ilustrativos.

O óleo ascarel foi usado durante anos como isolante nos geradores por causa da sua resistência a elevadas temperaturas, até que se descobriu ter sido essa substância a responsável pela destruição de metade da fauna e da flora do Mar do Norte, na Europa. Os cientistas demonstraram que o ascarel era cancerígeno, ainda que uma única parte fosse diluída em um milhão de partes de água. Nos mares contaminados pelo ascarel, a população de peixes, de algas e de pássaros caiu brutalmente. Seu uso foi então proibido e ele passou a ser substituído em dezenas de países por óleos minerais que têm a mesma ação e não destroem os ecossistemas.

A Constituição do estado do Rio de Janeiro determinou a substituição do óleo ascarel, cuja eliminação, no entanto, só é possível a uma temperatura superior a 1.300°C, alcançada por um número reduzido de incineradores. O Brasil enviou para incineração na Inglaterra navios carregados. Em 1997, havia 900 mil litros de ascarel na região metropolitana do Rio de Janeiro, nos geradores de empresas como Light, Furnas, Metrô e Flumitrens. Parte desse veneno tóxico, ativo por sessenta anos, encontrava-se abandonada em depósitos e contaminou sucateiros que entraram em contato com a substância ao retirar peças e fios de cobre para serem vendidos como ferro-velho. Em 2004, ainda restavam 400 mil litros de ascarel no Grande Rio.

A fumigação de agrotóxicos afeta trabalhadores, solo, mananciais e alimentos. No Brasil, ainda se utilizam substâncias cancerígenas, persistentes nas cadeias alimentares, que já intoxicaram 380 mil trabalhadores rurais entre 1990 e 2002.

História semelhante foi a do césio-137, em Goiânia, em 1987, quando uma família de sucateiros encontrou uma bomba de césio, do Instituto Goiano de Radioterapia, em um depósito abandonado na Rua 57. Eles quebraram a marretadas a cápsula que envolvia 100 gramas do pó azul e radioativo do césio-137. Encantados com seu intenso brilho, esfregaram o pó em seus rostos e corpos, provocando um dos piores acidentes radioativos do mundo. Vários adultos e crianças morreram de câncer, e estima-se que cerca de 260 pessoas tenham desenvolvido tumores.

O despejo de mercúrio foi responsável pela tragédia da Baía de Minamata, no Japão, em 1954. O mercúrio entrou na cadeia alimentar ao ser absorvido, de modo direto, por algas e mariscos. Sendo um metal pesado bioacumulativo, sua concentração foi aumentando no organismo dos peixes e camarões. As aves que comeram esses animais passaram a voar em círculos, sem orientação. Os gatos que comeram peixes contaminados jogaram-se dos telhados das casas. Cento e trinta e duas pessoas contraíram uma doença até então desconhecida, que provocava perda da coordenação motora e atrofia cerebral. A necropsia detectou nos fígados elevada concentração de mercúrio.

Foi somente depois do acidente idêntico ocorrido na Baía de Niigata, em 1965, que o governo japonês reconheceu a relação de causa e efeito que provocara a catástrofe.

Os incineradores representam uma solução cara e insatisfatória para a maior parte do lixo doméstico e industrial que pode e deve ser reaproveitado. A fumaça resultante, quando não processada, contém gases tóxicos que contêm dioxinas e afetam a saúde.

O acidente do césio-137 em Goiânia representou um alerta no que se refere à desinformação e ao despreparo das autoridades e da população para enfrentar acidentes radioativos. O controle sobre clínicas radiológicas e ferros-velhos é precário.

A responsável pelo despejo, a fábrica de cloro e soda da Chisso Corporation, em Minamata, negou-se a fornecer informações sobre seus métodos de tratamento sob o pretexto de salvaguardar segredo industrial.

Em Niigata foi a Kanose, que também produzia cloro e soda, a culpada pela contaminação. Ela contratou especialistas para demonstrar que não tinha responsabilidade pelo envenenamento.

A verdade veio à tona graças a um trabalho multidisciplinar envolvendo médicos, químicos e engenheiros, reunindo material de pesquisa de biólogos e relatos e histórias de vida de pescadores e de pessoas contaminadas.

Milhares de garimpeiros foram contaminados no Brasil, e importantes rios, como o Madeira e o Tapajós, estão saturados de mercúrio, como constataram técnicos e cientistas japoneses em 1992. Somente em 2003 começou a ser reprimido de forma sistemática o uso do mercúrio e ser dada assistência à saúde dos garimpeiros. A ex-ministra do Meio Ambiente, Marina Silva, sofre de contaminação por mercúrio, desde a época em que seu pai trabalhava no garimpo.

Nas indústrias químicas e de lâmpadas, concentradas em São Paulo, em Minas Gerais e no Rio de Janeiro, centenas de operários foram contaminados pelo mercúrio e alguns chegaram a perder a vida.

Desde a década de 1970, em todo o mundo, utilizam-se células de membrana em substituição às células de mercúrio. Trata-se de tecnologia eficiente, que economiza energia e não utiliza mercúrio. Na década de 1990, foram aprovadas leis determinando a substituição do mercúrio em estados da região Sudeste.

Espécies ameaçadas e preservadas

A vida no mar surgiu há 3 bilhões de anos. Com o aparecimento dos vegetais terrestres, há 2,6 bilhões de anos, o oxigênio, liberado pelas plantas por meio da fotossíntese, passou a compor a atmosfera terrestre. A ação do sol sobre o oxigênio produziu o ozônio (O_3), e este formou uma camada que protegeu os primeiros seres vivos da radiação ultravioleta, permitindo assim a instalação da vida em terra firme há cerca de 400 milhões de anos. Essa camada foi profundamente afetada pela emissão de clorofluorcarbono (CFC), gás usado em geladeiras e em aparelhos de ar condicionado.

Os buracos na camada de ozônio provocam aumento de câncer de pele numa proporção de 10 para 1: a redução de 1% na camada de ozônio aumenta em 10% a probabilidade de as pessoas contraírem câncer de pele. Muitos pensam que esse problema se restringe à Antártida, mas ele existe também no Brasil, especialmente nos estados da região Sul.

O estudo de fotografias de satélites feito por centros de pesquisa ligados à Organização das Nações Unidas (ONU) em 1997 revelou que sobre o Rio Grande do Sul a camada de ozônio perdeu 11% de sua espessura. Sobre os estados do Paraná e de Santa Catarina a perda foi de 9%, e sobre São Paulo a diminuição foi de 7%. Sobre o Rio de Janeiro a perda chega a 4% e vai reduzindo-se progressivamente até 1% de diminuição sobre os estados da região Norte.

Campanhas ecológicas em todo o mundo conseguiram com que fosse substituído, na década de 1990, o gás CFC dos *sprays* (de desodorantes e de espuma para barbear) pelos gases butano e propano, que agem como propelentes. A substituição nos sistemas de refrigeração é mais complexa, pois são CFCs de outro tipo e com outra função, e avançou somente a partir de 2000, mas não atingiu os milhões de aparelhos antigos. Em São Paulo e no Rio de Janeiro há leis que obrigam o reaproveitamento do gás CFC nos consertos de geladeiras e de aparelhos de ar condicionado. Essa medida defende o escudo de ozônio e representa economia para o consumidor, já que, a cada conserto, ele pagará apenas pelo serviço e poupará o custo da recarga. O Senai e escolas técnicas passaram a formar os mecânicos para reciclar o gás.

Nos últimos dois séculos foram extintas 2 mil das 11 mil espécies de aves que existiam no planeta, 20% das espécies de peixes de água doce, 30% dos insetos e 40% dos fungos, que aumentam a absorção de nutrientes pelas raízes das plantas.

A Terra abriga 30 milhões de espécies de vida vegetal e animal, das quais apenas 2 milhões são conhecidos e estudados. Existem atualmente 5.500 espécies animais e 4 mil espécies vegetais seriamente ameaçadas de extinção, sendo que 450 dessas espécies animais e vegetais são do Brasil.

A divulgação dessas informações sensibilizou professores, estudantes e suas famílias, que não se conformaram com a extinção de tantas espécies animais e com a transformação de florestas em lenha ou pastagens. No século passado foram formados grupos pela preservação de espécies ameaçadas em determinadas regiões, que passaram a atuar em conjunto, formando os primeiros movimentos preservacionistas.

Pelo menos 16 espécies animais e vegetais ameaçadas foram salvas do extermínio graças a projetos desenvolvidos por ambientalistas brasileiros.

O Projeto Lontra, desenvolvido pelo Instituto Brasileiro do Meio Ambiente (Ibama) e pela Universidade Federal de Santa Catarina, produziu resultados. A proteção das áreas de reprodução e a conscientização das comunidades causou o aumento da população das lontras.

O Projeto Baleia Jubarte está concentrado na região de Abrolhos, litoral sul da Bahia, principal área de reprodução e de criação desse animal do Atlântico Sul. Esse projeto realizou levantamentos, produziu documentação, criou rede de informações sobre avistagens e encalhes e ajudou na preservação da baleia jubarte.

O Projeto Tamar é um dos mais bem-sucedidos do Brasil, tendo salvado 2 milhões de filhotes de tartaruga. Criado em 1980, o projeto abrange mil quilômetros de praias, de Sergipe ao Espírito Santo. O aspecto social importante que explica seu sucesso foi a incorporação de centenas de pescadores das regiões, contratados pelo projeto.

Os peixes-bois são mamíferos que existem há 60 milhões de anos e até o início do século XX eram abundantes no litoral brasileiro, do Espírito Santo ao Amapá. Hoje restam poucas centenas de espécies concentradas nas regiões Norte e Nordeste. Em 1985, foi organizado pelo Ibama o Centro Peixe-Boi-Marinho, que, com o apoio recebido de ecologistas e empresas, protegeu os remanescentes e reverteu o processo de extinção.

Como esses, há projetos de conservação de aves silvestres, do golfinho rotador, com sede em Fernando de Noronha, de defesa dos mamíferos marinhos do litoral sul, o Centro Quelônios, e dezenas de outros. Eles demonstram que a extinção das espécies não é inexorável ou inevitável. A sua escola já participou de algum levantamento da fauna e da flora existentes no seu estado? A juventude conhece pela televisão os animais da Disneylândia e os elefantes e girafas da África, mas não os exemplares da fauna e da flora de suas regiões.

Na época dos primeiros movimentos preservacionistas, não havia reflexão que relacionasse os esforços de defesa da biodiversidade à atividade econômica. Havia um isolamento social e a população não percebia como essa devoção ecológica, quase missionária, se relacionava com o seu dia a dia.

A Ecologia Social

A Ecologia Social (ou Ecologia Política) floresce em meados do século XX, questionando valores e objetivos da sociedade industrial. Ambientalistas, movimentos urbanos e de juventude relacionaram a devastação ambiental com o desperdício da sociedade de consumo, a qual exerce novos tipos de colonialismo e de dominação sobre países e continentes onde se situavam as fontes de energia e de matérias-primas.

O consumismo de objetos produzidos e descartados numa cadência acelerada, ditada pelo modismo, foi questionado com a crise civilizatória. O mito do crescimento ilimitado, fundado na crença da oferta infinita de recursos, sofreu um golpe em 1972, quando foi publicado, sob o patrocínio do Clube de Roma (organização que congregava os países mais ricos do globo), o relatório Limites do Crescimento, que demonstrava a inviabilidade do ritmo e do estilo de desenvolvimento adotados pelos países ricos em face do esgotamento previsível dos recursos naturais e das fontes de energia.

Em junho de 1972, a Primeira Conferência Mundial sobre o Meio Ambiente da Organização das Nações Unidas, em Estocolmo, constatou a gravidade da destruição ambiental e alertou para as iminentes catástrofes, caso esses países prosseguissem com o crescimento a qualquer preço. Nessa conferência, os países ricos enfatizaram a necessidade de controle da população e do crescimento econômico, enquanto os países do Terceiro Mundo alertavam para as consequências socioeconômicas da crise ambiental, como os problemas sanitários, a fome e o agravamento das desigualdades sociais.

Revoltados com as guerras, com a ameaça nuclear e com a destruição da natureza, intelectuais, pacifistas, feministas e minorias étnicas, sobretudo na Europa e nos Estados Unidos, mobilizaram-se e produziram matrizes de pensamento crítico sobre os destinos da humanidade. Seus primeiros passos foram marcados mais pelas denúncias e pela recusa do modelo vigente do que pela formulação de alternativas.

A era da recusa

O movimento operário, quando deu seus primeiros sinais, identificava nas máquinas o seu inimigo. Parecia-lhe terem sido as máquinas (e não as relações sociais) que tornaram obsoleto o trabalho do artesão, possibilitaram o aumento das cadências de trabalho e substituíram milhares de trabalhadores. Na Europa, no início do século passado, operários revoltados quebraram as máquinas. Os sutis mecanismos sociais de apropriação do produto do trabalho e de sujeição dos trabalhadores eram ainda desconhecidos.

O movimento feminista, que despontou nos anos 1960 sacudindo os valores estabelecidos pelas sociedades machistas dos Estados Unidos e da Europa, identificava no homem um inimigo e no momento da penetração sexual, uma forma de dominação. A luta pela igualdade de direitos no trabalho, em casa e na representação política trouxe para o movimento feminista a necessidade de uma nova relação solidária entre o homem e a mulher, fundamentada no reaprendizado recíproco.

O movimento ecológico não escapou à regra. Os ecologistas, que na década de 1960 protestavam contra o modelo econômico que destruía a natureza, intoxicava as cidades e ameaçava o planeta, traziam em seu brado a marca da recusa. Eles transmitiam a recusa ao "progresso" armamentista, a insatisfação com o consumismo veiculado pela mídia, a rejeição ao automóvel, visto como símbolo sexual e de *status* (os comerciais na televisão insinuam que o proprietário do último modelo pode conquistar quantas mulheres desejar), e a resistência em aceitar um trabalho alienado como prova de responsabilidade social.

Manifestação feminista em Londres, início da década de 1970, no Dia Internacional da Mulher. Mulheres defendiam seus direitos e definiam novos valores culturais, posteriormente incorporados pela Ecologia Política.

Essas questões são de difícil assimilação para um jovem brasileiro que sonha em conquistar um bom emprego e possuir um carro. No período histórico mencionado, o preço do consumismo era elevado: os jovens franceses morriam na guerra colonialista da Argélia, a juventude americana morria na guerra imperialista do Vietnã, os jovens ingleses mal viam a luz do sol por causa da poluição que gerou o *fog* londrino (densa névoa permanente, praticamente extinta nos últimos anos graças a medidas antipoluição), e o alto índice de suicídio entre os jovens alemães às vésperas dos exames escolares, tamanha a competição e a tensão existentes nas famílias.

Como a grande cidade se tornara sede da indústria que agredia a natureza e os cidadãos, os ecologistas pregavam a volta ao campo e a vida em comunidades rurais.

Uma vez que a medicina curativa e a invasão farmacêutica (remédio como solução para qualquer mal) produziam novos tipos de doenças e de dependências de drogas industrializadas, os ecologistas defendiam a medicina natural e o parto feito em casa.

Alarmados com a alienação e com a destruição de culturas regionais pela televisão, que transformava o cidadão em um canal receptor de códigos e mensagens do poder, os integrantes do movimento ecológico e alternativo propunham que não se comprassem televisores.

Como as escolas ofereciam uma educação massificada, que atrofiava a imaginação das crianças, muitos casais jovens passaram a educar seus filhos em comunidades alternativas, nas quais se aprendia, por exemplo, o som do canto das baleias.

Assim como os operários compreenderam que a destruição das máquinas não eliminaria as relações que os oprimiam, e as feministas perceberam a presença dos valores machistas em ambos os sexos, os ecologistas e os partidários da autogestão constataram as dificuldades de organizar comunidades ecológicas independentes. Essas fecundas experiências foram como ilhas de esperança cercadas pela sociedade poluidora, que asfixiou seu utópico desenvolvimento.

Comunidades agrícolas sem meios de implementar tecnologias alternativas enfrentaram problemas por causa da sua organização e produção precárias. Não conseguiam implantar sistemas de manejo ecológico do solo e combate biológico às pragas integrados. Posteriormente, as redes de tecnologia alternativa e as cooperativas de produção e de comercialização suplantaram essas barreiras.

Várias escolinhas comunitárias alternativas careciam de material didático de qualidade e de professores com boa formação pedagógica, que tivessem experiência nos diferentes campos do conhecimento. Militantes alternativos padeceram de graves doenças e chegaram a morrer por recusar tratamentos da medicina tradicional para problemas que a medicina natural, a acupuntura, a fitoterapia (terapia realizada com ervas medicinais) ou a homeopatia ainda não apresentavam soluções eficazes.

Deixar de assistir à televisão não diminuiu o grau de alienação de comunidades que recusavam o contato com a civilização poluente. A posterior conexão dos núcleos alternativos com o movimento das rádios livres e das televisões públicas pela democratização dos meios de comunicação gerou o conceito do cidadão-emissor: aquele que transmite experiências e ideias e amplia a cidadania.

As ilhas dos crusoés ecológicos não se articularam em arquipélagos alternativos, mas cunharam uma crítica radical aos valores da sociedade capitalista, afirmando, com seu exemplo, o desejo de viver com autonomia e liberdade, tendo a natureza por aliada.

2. Cidadania ecológica

A LUTA ECOLÓGICA POR QUALIDADE DE VIDA, SAÚDE, LAZER, AMBIENTE DE TRABALHO DESPOLUÍDO, DIREITO AO SOL, À ÁGUA LIMPA, GANHA DIMENSÃO DE DIREITO À CIDADANIA.

Incorporando as premissas da ecologia natural e as experiências dos ecologistas contestadores, uma terceira geração de pensadores e de ativistas ampliou as dimensões da ecologia, integrando-a aos movimentos sociais urbanos, sindicais e agrários. A partir da década de 1980, problemas como a poluição do ar e a poluição sonora começaram a ser tratados em conjunto, pelas associações de moradores, técnicos da área de transportes, taxistas, ferroviários e metroviários. Das críticas, evoluiu-se para propostas de sistemas de transporte de massas (como o metrô e os trens modernos) integrados a ônibus e táxis com combustíveis alternativos (como o gás natural), redes de ciclovias e sistemas hidroviários de transportes (como as barcas rápidas), soluções que minimizaram as agressões aos tímpanos e aos pulmões da população.

A despoluição das empresas começou a ser implementada por ecologistas, médicos, metalúrgicos e petroleiros por meio da redução de emissões tóxicas, do tratamento adequado do lixo químico e do uso de tecnologias limpas. A substituição dos agrotóxicos avançou quando pesquisadores e técnicos uniram-se aos agrônomos, ambientalistas, agricultores e cooperativados, lançando as bases da agricultura integrada, orgânica e alternativa.

Apesar da resistência das empresas públicas e privadas em investir na despoluição, novas leis e exigências da sociedade provocaram alterações no comportamento de empresários e governantes.

Registramos frases antológicas, cunhadas por políticos e empresários que sustentavam o modelo vigente, para exemplificar essa resistência. O resultado desses embates, em que os ecologistas foram acusados de ser inimigos do desenvolvimento, foi a progressiva incorporação da ecologia como dimensão da cidadania.

"As 5 mil motosserras distribuídas gratuitamente por nosso governo são instrumentos de trabalho e fator de desenvolvimento" (governador do Amazonas, Amazonino Mendes, dois anos antes da promulgação da lei federal que equiparou a motosserra à arma de fogo, proibindo seu uso sem critérios).

Desmatamento na Amazônia. Grandes empresas se aproveitam de incentivos fiscais e da mão-de-obra barata do Nordeste para converter a floresta em pasto, com motosserras e correntões.

"Sem o mercúrio não haverá garimpo, nem ouro" (ex-deputado Sebastião Curió, três anos antes de comprovada a existência de uma quantidade absurda de mercúrio nos rios Madeira e Tapajós e de promulgada uma lei federal determinando a reciclagem e progressiva substituição do mercúrio).

"O nuclear é 100% seguro e sem ele haverá grave crise de energia" (ex-presidente da Comissão Nacional de Energia Nuclear, Rex Nazaré, antes do vazamento de água do circuito primário do gerador de Angra I, em 1986, e do acidente do césio-137 em Goiânia, em 1987).

Usina Nuclear Angra I, no estado do Rio de Janeiro. Construída sem relatório de impacto ambiental na paradisíaca Baía da Ilha Grande. Incidentes e falhas paralisaram seu funcionamento em um terço dos seus 7.200 dias de atividade, para a geração de energia quatro vezes mais cara que a hidrelétrica.

"Se a Companhia Siderúrgica Nacional (CSN) instalar os sistemas de tratamento exigidos, perderá a competitividade no mercado externo" (ex-presidente da CSN, Juvenal Osório, dois anos antes de ser detectada a substância mutagênica benzo-pireno oito vezes acima do padrão máximo permitido no efluente da CSN no rio Paraíba, responsável pelo abastecimento de água para 80% da população do Rio de Janeiro). Entre 2000 e 2003 a CSN investiu 120 milhões de reais e reduziu significativamente a emissão do benzo-pireno.

"Sem o carvão vegetal das matas nativas, as usinas de ferro-gusa do Programa Grande Carajás fecharão suas portas, provocando desemprego" (reunião de governadores e deputados governistas da região Norte, em 1984, um ano antes de a prática de extrair o carvão vegetal ser condenada mundialmente e de ser iniciado o boicote econômico pela Alemanha contra esse procedimento, que transformava a floresta em carvão).

"Os índios estão aculturados e ocupam um território muito maior do que sua população realmente necessita" (ex-governador de Rondônia, Romero Jucá, reagindo contra a demarcação das terras das nações indígenas determinada pela Constituição Federal de 1988, meses antes da invasão do território da nação Ianomâmi por garimpeiros e da manifestação oficial da ONU contra o etnocídio na Amazônia).

Minifornos de carvão vegetal em Jacundá, no Pará. Parte da floresta Amazônica foi convertida em carvão para a produção e exportação do ferro-gusa. Esse ecocídio recuou apenas depois de forte campanha internacional.

"Restringir a pesca da baleia ocasionará o fechamento de empresas no Nordeste e a perda de postos de trabalho" (reunião de governadores e deputados governistas do Nordeste, dois anos antes da convenção internacional que suspendeu a pesca das baleias ameaçadas de extinção).

"O submarino nuclear tem fins pacíficos, é seguro e é indispensável ao nosso desenvolvimento tecnológico" (almirante Maximiniano da Fonseca, ex-ministro da Marinha, dois antes de o Greenpeace divulgar relatório dando conta de 179 acidentes envolvendo submarinos nucleares que deixaram 23 bombas atômicas e doze geradores nucleares no fundo dos mares. Em 1988, a Constituição Federal vetou o uso militar da energia nuclear).

"A eficiência da agricultura moderna depende do uso intensivo dos defensivos químicos" (ex-ministro da Agricultura, Nestor Jost, também ex-dirigente da Bayer, produtora de agrotóxicos, um ano antes da resolução do

ECOLOGIA E CIDADANIA

Desmatamento em garimpo de ouro em reserva indígena kaiapó, Marabá, Pará. A poluição das águas, as doenças venéreas, a aids e o alcoolismo debilitam física e moralmente certos povos indígenas.

Caça à baleia na Paraíba. A restrição a essa atividade só foi implantada com a drástica redução das espécies de baleias da costa nordestina e o crescimento do movimento preservacionista.

Ministério da Saúde proibindo os organoclorados e de a Empresa Brasileira de Pesquisa Agropecuária (Embrapa) tornar disponíveis os métodos de combate biológico às sete principais pragas da agricultura brasileira).

Essas declarações desqualificam a defesa da vida, da natureza e das culturas, retratadas como se fossem obstáculos ao crescimento econômico e ao progresso. Apesar dessa resistência e da insensibilidade produtivista (dos que valorizam mais a produção do que a vida), a consciência ecológica aumentou no país. As universidades e os institutos de pesquisa dedicaram-se a analisar as principais agressões ao meio ambiente e a buscar alternativas tecnológicas que fossem compatíveis com desenvolvimento sustentado e ecologia.

Os submarinos nucleares possuem geradores que produzem resíduos nucleares como o césio-137 e o plutônio. Em trinta anos, sofreram 42 acidentes (incêndios, colisões etc.), que deixaram no fundo dos mares 18 mísseis e nove reatores.

A imprensa, setores do Parlamento e do Ministério Público e associações civis passaram a dedicar mais atenção à defesa das florestas, dos índios, da fauna e da qualidade de vida. Essas posturas corresponderam aos avanços verificados mundialmente e criaram nova dimensão da cidadania. Apresentamos um esquema da evolução histórica da constituição da cidadania.

Em meados do século XX, o sociólogo inglês Marshall analisou o percurso dos direitos de cidadania que, apesar da resistência dos grupos dominantes, foram sucessivamente conquistados e incorporados:

1. A instituição da Cidadania Civil consagrou, no século XVIII, as liberdades individuais, como as de expressão, de pensamento e de credo religioso, que antes não existiam, o que expunha as pessoas ao terror obscurantista e à Inquisição.

2. A Cidadania Política constituiu-se no século XIX com a extensão do direito de voto e de participação dos cidadãos no exercício do poder político. No Brasil, o sistema escravocrata atrasou essas conquistas, e somente com a República o direito de voto foi ampliado. Até então ele era restrito aos homens livres, maiores de 21 anos e que fossem proprietários. Progressivamente, esse direito passou a ser garantido também aos não proprietários e às mulheres, e em 1988 os analfabetos e os jovens com mais de 16 anos obtiveram o direito de votar.

3. A Cidadania Social e Econômica consagrou no século XX os direitos à educação, à saúde, ao salário digno e à terra. Esse reconhecimento não tornou tais direitos reais imediatamente, pois eles são objeto de lutas cotidianas. Albert Hirschman, cientista político alemão radicado nos Estados Unidos, observou o espaço de um século entre cada uma das dimensões de cidadania e mostrou como o pensamento reacionário atacou em cada período os conceitos e as políticas que as incorporaram.

Temos esperança de que o século XXI incorpore a Cidadania Ecológica como direito real ao ambiente saudável, à saúde ocupacional e à qualidade de vida. As frases registradas equivalem à resistência apresentada pelas classes dominantes, nos séculos anteriores, cada vez que a sociedade impunha direitos de cidadania.

Uma nova era, na qual a natureza será tratada como aliada e não como inimiga, se aproxima, e o meio ambiente será considerado patrimônio genético e social, base da vida da população. Quando as sociedades incorporarem de fato a Cidadania Ecológica, os direitos dos índios, dos seringueiros, o direito ao ar puro, ao sol e ao verde serão tão cristalinos quanto o são hoje os direitos à informação e ao voto universal.

Os que se negam a instalar estações de tratamento de efluentes industriais ou a elaborar e submeter às audiências públicas relatórios de impacto ambiental de suas atividades, os que descumprem a legislação ambiental e agridem os ambientalistas desempenham o mesmo papel daqueles que resistiram à libertação dos escravos, à extensão do direito de voto às mulheres e à adoção da jornada de trabalho de oito horas: são monumentos do obscurantismo e do atraso na história da constituição da cidadania.

3. O meio ambiente na História

Não nos capacitaremos para enfrentar as agressões ambientais se não conhecermos sua origem, a lógica dos agentes, os sistemas produtivos e a história das práticas predatórias, bem como a história da resistência contra a devastação.

Agressão ao meio ambiente precede o capitalismo

Nas sociedades primitivas, os campos, os rios e as florestas pertenciam ao conjunto da coletividade e não podiam ser comprados ou vendidos. Houve importantes diferenças entre as organizações sociais nos continentes e ao longo dos tempos. As terras tinham de ser defendidas de tribos vizinhas ou de invasores. As áreas de caça, e mais tarde de agricultura, esgotavam-se e as comunidades buscavam outras terras, numa prática itinerante.

A população era escassa, a tecnologia, rudimentar e o que entendemos por meio ambiente era percebido e tratado como base de sustento da comunidade. A divisão do trabalho era simples e os agrupamentos buscavam a geração de excedente alimentar — a produção e armazenamento de alimentos em quantidade superior às necessidades imediatas de consumo das comunidades.

Nas primeiras formações sociais, o excedente era a garantia para enfrentar o período ruim de caça e pesca, o inverno ou a luta contra outros grupos. Posteriormente, excedentes significativos foram viabilizados pela domesticação de animais e pela irrigação, constituindo a base do comércio, da manufatura, do escravismo e das sociedades de classes.

A forma como o excedente é produzido, repartido e acumulado e a organização das formações sociais constituem os principais temas da sociologia e das ciências sociais. Ainda não foi devidamente estudada, no entanto, a evolução dos impactos desses sistemas no meio ambiente, seus reflexos nas espécies animais e vegetais, no solo, nos climas.

O capitalismo e a industrialização geraram impactos ambientais em um patamar e em uma intensidade antes desconhecidos da humanidade. As fábricas ocuparam o lugar das manufaturas e se converteram em sorvedouros insaciáveis de matérias-primas trazidas de longa distância e em quantidades crescentes. A produção em escala consumiu energia, gerou vapores químicos, esgotos industriais e resíduos perigosos em uma progressão geométrica, sem precedente na economia pré-industrial.

As sociedades pré-capitalistas produziram substanciais impactos com a substituição de florestas por pastagens e com a extração mineral, inclusive para abastecer as manufaturas de armas de guerra.

A incipiente urbanização concentrou populações em pequenos pontos do território; nesses espaços saturados o acúmulo de lixo e de dejetos humanos provocou surtos de doenças. A peste e outros males foram expressão desses desequilíbrios ambientais, como o são hoje a malária, a dengue, a leptospirose e a hepatite, consequências do desmatamento, das valas de esgoto, da água contaminada.

As pessoas são parte integrante do meio ambiente. Essa afirmação óbvia é por vezes esquecida por ambientalistas naturalistas que se preocupam com árvores e bichos, mas não com os problemas da população. Algumas das mais significativas tragédias ambientais antecederam o capitalismo industrial: a colonização da América, com a dizimação das comunidades indígenas que a povoavam, e a transformação do continente africano em celeiro do escravismo colonial, gerando autênticos desertos demográficos.

Povos das Américas

A colonização da América espanhola foi moldada a ferro e fogo, comandada pela volúpia da acumulação de ouro e prata. A consequência disso foi o extermínio dos incas, maias e astecas, que tinham sistemas avançados de produção agrícola e de organização social. Esses povos estabeleceram sistemas hierarquizados de cidades, possuíam estrutura social articulada, construíram incríveis templos e esculpiram peças que causam admiração e perplexidade até os nossos dias. Eram regidos por códigos complexos, desenvolveram a manufatura, produziram conhecimentos científicos e uma diversificada base cultural.

Os colonizadores espanhóis visavam a uma intensa acumulação primitiva (base original para ampliar o mercado e os lucros) para a expansão dos capitais mercantis. Buscavam a maior e mais rápida extração possível de metais preciosos, viabilizada pela sujeição e escravização desses povos, que resistiram inclusive com rebeliões armadas.

Construção maia em Palenque, México. A beleza e a funcionalidade das obras maias e astecas são indicadores dos avanços arquitetônicos dessas civilizações destruídas pelo colonialismo predador.

A economia mineira implantada pelos espanhóis exigiu grandes deslocamentos de população, desorganizou a produção de alimentos e desarticulou as unidades familiares. A população adulta masculina foi consumida em marchas e trabalhos forçados, e a comunidade, atingida por epidemias contraídas no contato com os conquistadores. Segundo Celso Furtado, a população mexicana era de 16 milhões de habitantes na época da conquista e um século depois foi reduzida a 2 milhões. O extermínio na América espanhola, em três séculos, foi da ordem de 25 milhões de pessoas.

Recentemente, os povos indígenas das Américas se organizaram de forma mais eficiente, buscando uma sobrevivência digna e o resgate de suas origens culturais. Em 1992, em Santiago do Chile, foi realizada a Conferência sobre Meio Ambiente e Populações Indígenas, na qual se firmou em âmbito internacional a figura do "delito do ecocídio" (o genocídio ecológico) e sua relação com o "etnocídio" (o genocídio das etnias).

Essa conferência denunciou o "racismo ecológico": o despejo do lixo químico e a localização de atividades altamente poluidoras em áreas de populações latinas, mexicanas ou indígenas. A poluição produzida pelos ricos era lançada sobre as populações dotadas de menor poder de fiscalização e menores possibilidades de impetrar ações na Justiça.

A Primeira Reunião de Cúpula dos Povos Indígenas, realizada em Manágua, Nicarágua, em maio de 1993, definiu diversas linhas de atuação:

1. Que os conteúdos da educação fossem baseados na filosofia e na cosmovisão indígenas, evitando o colonialismo cultural.

2. Que a espiritualidade, as línguas, as tradições, a sabedoria e os costumes indígenas fossem incluídos na educação.

3. Que a história dessas nações fosse escrita pelos próprios indígenas.

4. Que se impulsionassem a coordenação de grupos de pesquisa social e econômica, grupos de tecnologia alternativa e ambientalista para gerar programas de desenvolvimento integral e ecológico.

5. Que se fizesse um projeto alternativo global fundado na autodeterminação solidária.

6. Que fosse lançado um brado de resistência: "Arrancaram nossas frutas, cortaram nossos galhos, queimaram nosso tronco, mas não puderam matar nossas raízes".

O Segundo Encontro Continental da Campanha 500 Anos de Resistência Indígena, Negra e Popular, realizado na Guatemala em outubro de

1991, consagrou os princípios da autonomia e da economia ecológica para as nações indígenas:

1. "A Terra é a casa da Humanidade, com todos os elementos que favoreçam o desenvolvimento da plenitude da vida, e por isso um dos objetivos da luta é que todos os povos e nações originais exerçam controle autônomo sobre a biosfera e a atmosfera."

2. "Os povos índios consideram vital a defesa e conservação dos recursos naturais, atualmente agredidos pelas multinacionais. Essa defesa será real se os povos índios administrarem e controlarem os territórios nos quais habitam, sob princípios de organização próprios e formas de vida comunitárias."

3. "Devemos gerar políticas próprias de autofinanciamento, auto-abastecimento, com tecnologias que permitam o desenvolvimento integral autônomo para recuperarmos a soberania alimentar."

Índios no Brasil

Estima-se em 5 milhões a população das nações indígenas no início da colonização portuguesa no Brasil. Em 1997, essa população era de 326 mil índios, que lutam pela demarcação de suas terras e pelo reconhecimento de seus direitos. Em 2004, o total de índios passou a ser de 390 mil, aumentando pela primeira vez desde a colonização.

Essas agressões não terminaram com o fim do colonialismo português. Segundo o Centro Ecumênico de Informação e Documentação (Cedi), durante a década de 1980 os fazendeiros e os garimpeiros de Roraima ocuparam terras e mataram os Tuxáua Makuxi e Wapixana. Grandes mineradores de cassiterita e a Mineração Araguaia ocuparam terras e agrediram os povos Ianomâmi. A Paranapanema (grande empresa mineradora que conta com financiamentos governamentais) iniciou a mineração de ouro em terras dos Waimiri-Atroari, no Amapá, e a extração de cassiterita nas aldeias dos Tenharim, no vale do rio Madeira. Empresas de pesca invadiram os lagos dos Ticuna, no Alto Solimões, e grandes seringalistas invadiram as áreas dos Mayoruna, no vale do Javari, no Amazonas.

A empresa francesa de petróleo Elf-Aquitaine invadiu o território dos Sateré, no Amazonas, enquanto os garimpos de ouro levaram doenças para as aldeias kayapós, nas cabeceiras do rio Branco.

Vinte mil índios da nação Guarani, em Mato Grosso do Sul, segundo a Fundação Nacional do Índio (Funai), tiveram suas aldeias espremidas pela expansão das frentes de colonização particular entre 1980 e 2000. O governo concentrou diferentes aldeias guaranis numa única reserva, visando liberar terras para investimentos agropecuários. Doze mil índios que viviam dispersos foram levados para as reservas Caarapó, Dourados, Mamabaí e Jacarey, que ficaram superpopulosas, desequilibrando as relações das comunidades com o território.

Mineração no rio Trombetas, na Amazônia. Uma posição subordinada na divisão internacional do trabalho recria sistemas mineiro-exportadores de fortes impactos ambientais.

Esses desequilíbrios enfraqueceram a economia e a organização das comunidades, gerando doenças, endividamento, alcoolismo e prostituição, minando a identidade cultural desses povos. Uma das consequências de tais desequilíbrios foi a onda de suicídios entre os índios. Dezenas de Kaiowá se suicidaram para não viverem humilhados, fracos e submetidos.

Os Kaiowá são um dos três principais grupos da nação Guarani, atualmente concentrada em Mato Grosso, onde vivem 42 mil índios. As fazendas de soja e os pastos de pecuaristas ocuparam as áreas antes habitadas pelos ancestrais dos Kaiowá.

A revista *Ecologia e desenvolvimento*, em sua edição de agosto de 1994, revelou a existência de suicídios em massa, verificados nas aldeias guaranis. Os 72 suicídios em Dourados foram um grito de alerta para o mundo, vindo de um povo com tradição de altivez que não se resignou em viver cercado de rios poluídos por usinas de álcool, vendo bosques sagrados convertidos em pasto e jovens alcoolizados como uma caricatura dos valentes guerreiros que foram um dia.

As nações indígenas, com o apoio da sociedade civil, obtiveram a demarcação de milhões de hectares de terras que historicamente ocupavam. Se não fossem essas vitórias, nossos netos só conheceriam restos e fragmentos dessas culturas nos museus de antropologia e de história natural. Muito falta realizar em matéria de apoio, saúde e defesa para que seja paga uma fração da dívida histórica que temos com os habitantes originais do país.

Essas comunidades foram submetidas a um etnocídio que acelerou o processo predatório da fauna e da flora preservadas por esses povos. Nos territórios onde as nações indígenas foram alijadas por atividades empresariais a relação com a fauna e a flora ficou completamente desequilibrada.

Esse impacto ambiental e humano ainda não foi superado pelo estrago causado pelos agrotóxicos, pela poluição causada pelos veículos ou pela contaminação nuclear. Somente o holocausto nazista (que vitimou 6 milhões de judeus), os massacres stalinistas (que dizimaram milhões de camponeses e intelectuais russos) e a Guerra do Vietnã (durante a qual o exército dos Estados Unidos destruiu com bombas de napalm centenas de aldeias vietnamitas) alcançaram o efeito devastador do colonialismo e do escravismo.

A questão indígena no Brasil, além de ser um assunto jurídico, econômico e político, tem dimensão cultural e civilizatória. Ninguém defende abertamente a destruição das nações indígenas. No entanto, aqueles que se negam a retirar os campos de pouso dos garimpeiros das terras indígenas ou os que garantem a impunidade dos grandes fazendeiros que transformaram em pasto essas terras estão favorecendo as condições do seu extermínio.

O argumento dos grupos econômicos, e dos políticos que os representam, de que os territórios indígenas são maiores do que as necessidades desses povos é inconsistente, mas justifica apropriações ilegais por aqueles que estão de "olho grande" nos minérios existentes no subsolo dessas áreas.

O relatório *Violência contra os povos indígenas no Brasil: 1945-1995*, do Conselho Indigenista Missionário (Cimi), mostra que 106 mil índios estavam desnutridos ou famintos, o que correspondia a um terço dos 326 mil índios brasileiros naquela época. O relatório revela ainda que o número de suicídios e de novas doenças, como a aids, estava aumentando entre os índios. Já no período de 2000-2004, os suicídios e as doenças recuaram, depois de várias campanhas sanitárias. As lideranças indígenas seguem cobrando mais apoio e assistência

Os antropólogos, as entidades de apoio e os parlamentares progressistas obtiveram uma vitória consagrada na Constituição Federal de 1988, no artigo que se segue.

"Artigo 231 — São reconhecidos aos índios sua organização social, costumes, línguas, crenças e tradições, e os direitos originários sobre as terras que tradicionalmente ocupam, competindo à União demarcá-las, proteger e fazer respeitar todos os seus bens.

§ 1º: São terras tradicionalmente ocupadas pelos índios as por eles habitadas em caráter permanente, as utilizadas para suas atividades produtivas, as imprescindíveis à preservação dos recursos ambientais necessários a seu bem-estar e as necessárias a sua reprodução física e cultural, segundo seus costumes e tradições.

§ 2º: As terras tradicionalmente ocupadas pelos índios destinam-se exclusivamente a sua posse permanente, cabendo-lhes o usufruto exclusivo das riquezas do solo, dos rios e dos lagos nelas existentes.

§ 3º: As terras de que trata este artigo são inalienáveis e indisponíveis e os direitos sobre ela, imprescritíveis."

O conceito de "terras necessárias" deve ser considerado dentro do contexto cultural, segundo a organização produtiva de cada comunidade e a relação que ela estabelece com o meio ambiente. Comunidades que praticam a agricultura itinerante, a caça e a pesca necessitam de um território fisicamente maior do que o utilizado pela moderna agricultura intensiva.

Os significados do vale onde estão enterrados os antepassados dos povos indígenas, da lagoa onde repousa uma divindade ou da floresta onde se reproduzem os animais não podem ser tratados de forma mecânica, com coeficientes que estipulem a concentração ideal de população por hectare de território.

As nações indígenas, por longos anos, tiveram por aliados apenas antropólogos, grupos religiosos e organizações democráticas urbanas, sendo essas últimas distantes dos locais dos massacres. Mesmo com seringueiros e castanheiros, suas relações foram marcadas por flechadas e tiros.

Indígenas preparando os troncos para a festa do Quarup, uma das mais importantes celebrações indígenas, que deu título ao romance internacionalmente admirado de Antonio Callado. A resistência das nações indígenas assenta-se no resgate cultural e territorial.

Chico Mendes, organizador dos "empates" — atos de seringueiros e de suas famílias abraçados a árvores, diante de tratores e motosserras, em defesa dos seringais —, lançou a União dos Povos da Floresta. Pela primeira

O líder dos seringueiros, Chico Mendes, com seus filhos e sua mulher, em Xapuri, no Acre. Chico Mendes foi premiado pela ONU por defender os seringais da Amazônia e organizar as reservas extrativistas.

vez, os trabalhadores do extrativismo florestal, como castanheiros, juteiros e seringueiros, junto com as lideranças das nações indígenas, organizaram-se pela defesa de suas terras, culturas e vidas.

Escravismo colonial: devastação na África e no Brasil

Não compreenderemos a destruição da natureza se não estudarmos as relações sociais, a opressão e a ecologia humana. O sistema que aprisionou e dizimou milhões de africanos arrasou a mata Atlântica e engendrou uma cultura predatória.

O tráfico negreiro trouxe ao Brasil, entre 1550 e 1850, cerca de 6 milhões de africanos. As viagens de Angola a Pernambuco duravam de sete a oito semanas, e os navios transportavam de 300 a 600 escravos, dos quais 20% morriam no percurso. A vida média produtiva de um escravo nas plantações de cana-de-açúcar ou de café era de 10 a 12 anos, trabalhando entre 14 e 18 horas diárias.

As características gerais do escravismo eram a compra e venda do escravo (mercadoria com cotação no mercado), a ausência de remuneração e de direitos, a punição física, o cativeiro, estendido aos filhos, e a ausência de vida familiar. A essas se somaram as características da produção para a exportação mercantil. A superexploração resultou no uso mais predatório da força de trabalho escrava (mais intensivo do que no escravismo greco-romano).

Uma das consequências de tais abusos foi a taxa de crescimento negativa dessa população. As mortes (prematuras) superavam os nascimentos (em parte anulados pela elevada mortalidade infantil entre os escravos). O contingente escravo era renovado apenas pelo aumento do vil tráfico negreiro.

Três séculos de sangria deixaram marcas no continente africano: desequilíbrios regionais profundos, desertos demográficos e atrofia econômica e social. Políticos e dirigentes ocidentais conservadores, ao analisar as causas do atraso, da desertificação ou da fragilidade política das nações africanas, omitem os séculos de tráfico escravo, evitando assumir sua responsabilidade histórica.

Subnutrição, fome e desespero em vila rural de Angola. O continente africano, constantemente envolvido em golpes e guerras tribais, tem grande parte de sua economia desarticulada como herança do colonialismo e do escravismo.

O Relatório sobre o Desenvolvimento Humano da ONU de 2003 classificou 189 países segundo o Índice de Desenvolvimento Humano (IDH), que inclui esperança de vida, taxa de alfabetização, taxa de matrícula escolar e Produto Interno Bruto (PIB) real *per capita*. Dos 30 países que obtiveram as piores classificações, 24 pertencem ao continente africano.

Escravismo e destruição da mata Atlântica

Cruzando o oceano Atlântico, no Brasil, efetivou-se o outro lado da devastação produzida pelo escravismo colonial. A destruição da mata Atlântica processou-se simultaneamente ao uso predatório dos escravos nas monoculturas de cana-de-açúcar e de café ao longo do litoral.

O magnífico trabalho de Josué de Castro, *Geografia da fome*, mostra como a monocultura da cana-de-açúcar no Nordeste destruiu quase inteiramente o revestimento vivo, animal e vegetal, da região. Esse sistema gerou contínuos processos de erosão, diminuindo o húmus, formado pela decomposição orgânica e vegetal, e matou quase toda a vida nos rios da zona canavieira. O desflorestamento da região intensificou o ressecamento das terras ao eliminar a floresta que fixava a umidade do solo.

Josué de Castro não tratou de forma isolada a dinâmica econômico-social e a questão ambiental da região. A desfiguração dos ecossistemas eliminou alternativas econômicas e fontes de alimentação da população, aumentando a miséria e a sujeição dos trabalhadores rurais ao coronelismo (dominação pela aristocracia latifundiária, que controlava diretamente a política, a justiça e a polícia da região).

O sistema predatório que extraiu do continente africano a força de trabalho escrava dizimou 90% da mata Atlântica em 300 anos de colonialismo e 180 de latifúndio pecuarista e monocultor integrado ao capital comercial. Em seu monumental livro *A ferro e fogo — A história da devastação da mata Atlântica*, Warren Dean, historiador e brasilianista americano tragicamente morto no Chile em 1994, mostrou como nesse período a mata Atlântica foi implacavelmente reduzida de 1 milhão e 84 mil km^2 em 1500 para 95 mil km^2 em 1990. Dean conclui: "O último serviço que a mata Atlântica pode prestar, de modo trágico e desesperado, é demonstrar todas as terríveis consequências da destruição ao seu imenso vizinho do oeste: a Amazônia".

A problemática socioeconômica e a questão ecológica são dois lados da mesma moeda.

Guiné-Bissau

Debaixo de uma tamareira, em Argel, em 1970, conheci Amílcar Cabral, líder da resistência do povo da Guiné-Bissau contra o colonialismo português. Recém-libertado das prisões da ditadura militar no Brasil, eu havia lido seus escritos e admirava o heroísmo desse agrônomo que cantava as palavras e olhava fundo nos olhos das pessoas com quem falava.

Amílcar Cabral, agrônomo, dirigente do Partido Africano da Independência da Guiné e de Cabo Verde (PAIGC). Organizou a mais forte resistência ao colonialismo português. Foi assassinado pela polícia política do ditador Salazar (PIDE).

Emocionei-me tanto com a forma calorosa como ele nos recebeu e falou do seu país e da sua luta que desejei trabalhar na Guiné-Bissau independente. Lá estive entre 1979 e 1981, com Paulo Freire (um dos maiores educadores brasileiros, que desenvolveu um método original de alfabetização) e com Ladislau Dowbor (cientista político de origem polonesa e consultor da ONU), preparando técnicos para as administrações regionais.

Constatei que a exploração da monocultura de amendoim pelo colonialismo pulverizou o fundo de fertilidade natural do solo, que foi varrido pelos fortes ventos e propiciou o avanço da desertificação na Guiné-Bissau. Esse exemplo evidencia a relação entre os sistemas econômicos e as tragédias ambientais, como a desertificação e a destruição das florestas.

Depois da independência, alguns países enviaram equipes de auxílio à Guiné-Bissau, cometendo erros por não conhecer sua formação cultural. Uma equipe técnica da cooperação alemã foi apoiar a etnia dos Balanta, cuja principal cultura era o arroz, cultivado com um instrumento longo, semelhante ao remo e conhecido como "pá Balanta", que revolvia superficialmente a terra. Os alemães, ao introduzir minitratores para aumentar a produtividade, provocaram um desastre. O fundo de fertilidade natural do solo era raso, com cerca de 8 centímetros, e logo abaixo havia uma camada de laterite, ou latrita, extremamente ácida. Ninguém perguntou o que levava os Balanta a revolver superficialmente a terra. Os minitratores levaram a acidez para cima de tal forma que foram necessários vários anos para a recuperação do solo.

No território da etnia Fula, uma equipe de técnicos canadenses ficou impressionada com o fato de haver uma única colheita anual de arroz, seguida de quatro meses de festas, o que eles consideravam um desperdício. Introduziram sementes de arroz de ciclo curto e aumentaram o preço do arroz pago ao produtor para que a comunidade promovesse duas colheitas anuais, aumentando o excedente agrícola. Com a semente de ciclo curto e o preço maior, os Fula cultivaram uma única safra anual e festejaram por seis meses. Preferiram ampliar o tempo livre para atividades religiosas, esportivas e culturais a aumentar o acesso a bens de consumo. Os técnicos canadenses programaram tudo, menos a expectativa cultural dos Fula.

Agressão ambiental e populações

A história dos dramas das populações deveria ocupar espaços maiores nas análises ambientais. Infelizmente há pessoas que choram ao ver na televisão a extinção do mico-leão-dourado mas não se sensibilizam com os sem-terra, os meninos de rua ou os desempregados.

A questão ecológica tem base cultural e educacional. As práticas predatórias, que em nome do lucro aterraram lagoas, poluíram rios, desfiguraram praias e queimaram florestas, foram legitimadas socialmente pela herança da cultura colonial e escravocrata.

A transição do escravismo colonial para o trabalho assalariado no Brasil deu-se de forma gradual, sem rupturas. Muitos dos seus valores persistiram na formação socioeconômica que o sucedeu, até a concepção predatória em relação ao trabalhador e à natureza.

A Revolução Francesa, de 1789, não derrubou apenas as fortalezas do feudalismo e seus sistemas de produção e de vassalagem (a submissão dos servos das glebas dos feudos). Ela criou nova cultura política e semeou nas barricadas populares contra a nobreza a base do sistema democrático e do princípio universal da liberdade.

A Guerra Civil americana, em meados da década de 1860, não minou apenas o poder econômico e político dos fazendeiros escravocratas do Sul, poderosos na produção do algodão e baluartes da moral conservadora. A aliança dos industriais e trabalhadores do Norte com os colonos, que multiplicaram pequenas explorações familiares na "Marcha para o Oeste", lançou a base da democratização da terra, da instituição republicana e da valorização do trabalho e do mercado interno. Um estudo completo acerca das relações existentes entre a forma de constituição dos regimes econômicos e a natureza da sua estrutura política está no livro *As origens sociais da ditadura e da democracia — Senhores e camponeses na construção do mundo moderno*, de Barrington Moore Junior, professor da Universidade de Harvard.

No Brasil, nada disso aconteceu. Tiradentes e Zumbi dos Palmares foram derrotados, e os netos dos senhores de escravos detêm, ainda hoje, grandes latifúndios e poder político. A transição brasileira do escravismo para o trabalho assalariado se processou com continuísmo, e a "modernização conservadora", em vez de fortalecer a pequena agricultura familiar, criou exércitos de bóias-frias a serviço dos latifúndios.

Negros, mulatos e mestiços representam menos de 6% dos alunos das universidades e menos de 9% do total de parlamentares, governadores e ministros, embora esses grupos étnicos representem quase metade da população brasileira. Os fenômenos sociais de exclusão e de favelização que atingem esses grupos étnicos constituem herança histórico-cultural do escravismo tanto quanto as queimadas e a cultura do desperdício.

Os dramas sociais se fundem nas agressões ambientais, resultando numa combinação perversa em que a preservação das diferentes formas de vida (humana, animal e vegetal) pesa pouco nas decisões econômicas. Se o trabalhador sindicalizado, o aposentado e o jovem desempregado são pouco considerados e ouvidos, imaginem o lobo-guará, a tartaruga-de-pente, o mogno e outras espécies ameaçadas de extinção, que não fazem greve, não votam nem reivindicam! Temos de falar por eles.

4. Ecologia urbana

As metrópoles expressam a síntese de problemas ambientais e sociais agudos: lixo, esgoto, barulho, fumaça, encostas desmatadas, doenças de origem ambiental. Nelas também se verificam novas alianças e uma consciência incipiente para superar estes problemas, transformando a realidade urbana.

O organismo urbano está doente

A grande cidade é um organismo vivo, muito doente. Ela é a expressão de desequilíbrios econômicos, ecológicos e espaciais que fazem do país um ser disforme: um corpo atrofiado com macrocefalia (uma imensa cabeça).

As metrópoles (cidades que concentram poder econômico e político e organizam as relações espaciais) funcionam como se fossem colonialistas em relação ao próprio país. Elas drenam (atraem) recursos e populações, produzem espaços congestionados e geram, no rastro do êxodo, desertos demográficos — áreas decadentes e desarticuladas. Aí se concentram os velhos e as mulheres (os homens jovens migram antes), que ficam à mercê do desemprego sazonal (derivado da monocultura) e dos baixos salários praticados pela monoindústria (única opção de emprego regional).

Usando a imaginação, a grande metrópole pode ser comparada a um indivíduo doente que tem vários de seus órgãos atingidos por infecções, lesões ou distúrbios graves e que apresenta os seguintes sintomas:

1. Conjuntivite: a cidade tem os olhos inflamados pela poluição do ar e agredidos por espigões e obras que desfiguram a paisagem.

2. Fratura dos membros: as pernas foram quebradas em tombos nos buracos das ruas e os braços foram fraturados nas quedas do surfe ferroviário (modalidade semissuicida praticada por jovens dos subúrbios que viajam sobre o teto dos trens).

3. Otite: os bairros têm os tímpanos inflamados pelos excessivos decibéis (medida da intensidade do ruído) do trânsito e das fábricas.

4. Amnésia: a cidade perdeu a memória histórica por causa da especulação imobiliária, que desfigurou prédios e sítios de relevante significado histórico e arquitetônico.

5. Câncer: as células enfermas (bairros degradados e favelas) replicam-se velozmente, qual tumores urbanos.

6. Estresse: a cidade está à beira de um ataque de nervos, assaltada em cada esquina, tensionada pelo trânsito e pela competição.

7. Fome: uma parte da cidade padece da miséria e da desnutrição — gente literalmente sem ter o que comer.

8. Obesidade: o outro lado da "cidade partida" adoece por excesso de gordura, envenenando-se com conservantes, corantes e acidulantes e aumentando o colesterol com a alimentação desregrada.

9. Diarreia: a "cidade da pobreza" esvai-se em disenterias provocadas por coliformes fecais na água da rede (das torneiras) e pela falta de saneamento, higiene e prevenção.

10. Esquizofrenia: partida ao meio em guetos e favelas, a cidade sofre de crise de identidade e perda de valores.

11. Depressão geriátrica (da terceira idade): a cidade sofre com os velhinhos confinados em terríveis asilos, que enriquecem os donos da indústria da solidão.

12. Aids: a defesa imunológica fraqueja com as transfusões de sangue sem testagem, com o sexo não seguro e com o rodízio de seringas das drogas intravenosas.

13. Enfarte do miocárdio: o sistema circulatório entrou em colapso, atacado pelo vírus do automóvel, que polui e engarrafa. Esses seres metálicos demandam obras caras, túneis e viadutos que projetam os engarra-

famentos quilômetros adiante. São pontes de safena para a circulação dos poluidores sobre rodas, que na hora do *rush* trafegam mais lentos do que o cavalo e a bicicleta.

14. Falocracia aguda (violência machista): as ruas da cidade grande são palco de estupros cotidianos, alimentados pelo erotismo barato das revistas pornô e da televisão e acobertados pela impunidade. O homossexualismo é tolerado apenas em guetos urbanos ou durante o carnaval, e a violência contra homossexuais não é investigada.

15. *Apartheid* social: os excluídos da sociedade de consumo veem na televisão e nas vitrines produtos sedutores a que jamais terão acesso. São os suspeitos, independentemente de culpa, das operações policiais de rotina.

16. Síndrome da Alienação Adquirida: essa hipnótica enfermidade telemaníaca transforma as pessoas em terminais receptores de mensagens e códigos dirigidos do poder.

Esse sombrio diagnóstico revela as múltiplas armadilhas da cidade dos letreiros de néon que promete infinitas oportunidades. A terapia para esse complexo conjunto de doenças chama-se CIDADANIA — a Cidade do Cidadão Associado.

A cidade do cidadão

A Cidade do Cidadão é o espaço do direito de vizinhança — o morador é consultado sobre as intervenções que modifiquem seu bairro —, do direito ao verde e ao ar puro. É a cidade arborizada, da ciclovia, dos transportes de massa integrados, não poluentes e pontuais. Na Cidade do Cidadão pratica-se a coleta seletiva do lixo e o tratamento do esgoto antes de seu lançamento nos corpos receptores. A multiplicação dos centros culturais e comerciais propicia melhor distribuição dos empregos no espaço, diminuindo a distância do itinerário casa-trabalho. As horas economizadas convertem-se em tempo para lazer, atividades comunitárias, prática de esportes e espaço afetivo e familiar. As rádios e televisões de associações, sindicatos e universidades ampliam a comunicação e a consciência da cidadania.

A violência dilacera a cidadania. A prevenção, o policiamento comunitário, as delegacias de mulheres, os juizados especiais e as penas alternativas trazem segurança, usando-se mais a inteligência que a força bruta.

Não basta pintar de verde a fachada do prédio do sistema capitalista. Sem a descentralização do desenvolvimento e da rede urbana e a transformação profunda das estruturas de produção e de propriedade nos campos, legiões de despossuídos convergirão para as metrópoles, tornando inúteis os projetos de reflorestamento de encostas (desmatadas com a favelização) e ridículas as guaritas dos condomínios fechados. Essas grades representam o outro lado da "cidade partida": são como um zoológico social, onde as elites se enjaulam e acabam sequestradas na saída.

O direito à moradia digna é a base da articulação da família com o meio ambiente. As casas poderiam utilizar a ventilação, a energia solar, ter espaço para hortas comunitárias e para árvores frutíferas, constituindo alternativa à favelização e ao desmatamento das encostas.

A metrópole, que exerce o colonialismo sobre o conjunto do território (atraindo capitais, populações e poder), termina por converter-se em vítima dos mecanismos que engendrou. A cada ano chegam 2,5 milhões de migrantes às doze maiores regiões metropolitanas do Brasil. Esse fluxo congestiona os serviços, tradicionalmente precários, exige a captação de água cada vez mais distante, a ampliação dos gasômetros, a construção de mais viadutos, de mais presídios, aumenta a poluição e o engarrafamento do trânsito.

A partir de um determinado patamar (nível) que se situa em torno de 2 milhões de habitantes, cada novo habitante custa mais ao município do que o anterior. É o que os economistas chamam de custo marginal crescente. Uma empresa capitalista que lucra com a diminuição do custo (obtido com o aumento da escala da produção) fecharia ou se remodelaria totalmente caso o produto seguinte fosse mais caro que o anterior.

A grande cidade agoniza: asfixiada por monóxido de carbono, cercada de lixo químico, sitiada pelos guetos que a desigualdade criou, vitimada pela leptospirose dos ratos e picada pelos mosquitos da dengue. Essa doença fatal exige um choque de cidadania. Ou criamos cidade e cidadania para todos ou em breve não haverá sequer vestígio de cidadania para ninguém.

Transporte: o veneno no ar

Os habitantes das grandes cidades realizam vários deslocamentos diários que consomem tempo e dinheiro. A população de baixa renda vive em bairros periféricos, distantes dos centros dinâmicos da economia urbana. Ela é penalizada por percursos mais longos e caros, que subtraem horas de sono e parte significativa dos salários. No Rio de Janeiro e em São Paulo, entre 1996 e 2002, os que ganhavam entre um e dois salários mínimos gastaram em transportes 21% do seu rendimento.

Os meios de transporte sobre rodas, como os ônibus, os caminhões e os carros, são os vilões da poluição sonora e do ar nas grandes cidades.

Congestionamento na cidade de São Paulo. A urbanização concentradora, sem planejamento, aliada à opção dominante rodoviarista, produz autêntico caos urbano, com aumento da poluição sonora e atmosférica com níveis altos perigosos para a saúde humana.

Enxofre

Os ônibus usam o óleo diesel como combustível, que gera inúmeros poluentes agressivos à saúde, sobretudo o dióxido de enxofre (SO_2).

Os efeitos na saúde são bronquites, dores de cabeça, inflamações na pleura e câncer dos pulmões. O SO_2 é um dos responsáveis pela chuva ácida, que devolve ao solo e às águas a poluição lançada no ar. A chuva ácida afeta a saúde, prejudica a agricultura e danifica automóveis e fachadas de prédios.

O efeito estufa, ou aquecimento global do planeta, pode derreter parte das calotas polares, elevar o nível dos mares e inundar os países mais baixos. É provocado pelas emissões de gases poluentes, entre os quais o dióxido de carbono (CO_2), gerado pela queima de combustíveis fósseis e pelas queimadas de florestas, e o SO_2.

Os ecologistas reivindicam a dessulfurização — procedimento químico adotado em vários países do mundo e que retira o enxofre do diesel. No Brasil, há inclusive uma justificativa econômica para a adoção desse procedimento: poder-se-ia substituir o enxofre importado, usado por indústrias químicas e como corretivo de solos, pelo enxofre retirado do diesel, além de haver ganhos para a saúde e para o planeta.

Esse procedimento praticamente não é adotado no Brasil e, só depois de muita luta, a Petrobras implantou o Programa de Diesel Metropolitano. Trata-se da seleção de óleos de mais baixo teor de enxofre para os ônibus e caminhões das capitais com maior poluição atmosférica.

O padrão máximo que o Brasil tolera de concentração de enxofre no óleo diesel é de 0,5 parte por 100, enquanto a Alemanha utiliza um padrão 10 vezes mais restritivo: 0,05 parte por 100, seguindo as recomendações da Convenção sobre Alterações Climáticas da Rio-92 e por causa das pressões dos ambientalistas europeus.

A partir de 1997, o padrão para as cinco maiores metrópoles do Brasil passou a ser de 0,3 parte de enxofre por 100, mas o controle e o monitoramento do ar são precários. Em 2003, depois de demandas de ambientalistas e pesquisas da UFRJ, a Petrobras começou a produzir o biodiesel, derivado da mamona, do girassol e de outros óleos vegetais. Em 2006, o diesel usado por ônibus e caminhões terá mistura de 10% de biodiesel, com relevante ganho ambiental e grande economia de divisas.

Chumbo

A adição do chumbo tetraetila na gasolina agride os pulmões e o sistema nervoso da população em geral, bem como afeta a formação do quociente intelectual (QI) das crianças. Revistas de ciências médicas dos Estados Unidos revelam perdas de até 25% no QI de crianças expostas à alta concentração de chumbo no ar.

Nesse caso temos o que comemorar: o Brasil foi o terceiro país do mundo a retirar o chumbo tetraetila da gasolina. Foram quatro anos de lutas dos ecologistas, dos sindicalistas e da área da saúde, consagradas na Lei 2.389 do Rio de Janeiro. Essa retirada viabilizou-se com os esforços da Petrobras e da Refinaria de Manguinhos, que realizou uma completa reforma catalítica, ao custo de 30 milhões de dólares, livrando o Rio de Janeiro e o Brasil do chumbo.

Carros desregulados

Nossos carros são movidos a gasolina e álcool. O álcool é menos poluente, mas emite substâncias nocivas, como o monóxido de carbono (CO), os particulados e os aldeídos. A combustão da gasolina gera mais emissões de CO, de óxidos de nitrogênio (N_{ox}), de ozônio (O_3) e de SO_2. Elevadas concentrações de CO podem ocasionar a morte por asfixia e o enfarte do miocárdio.

O carro polui menos que o ônibus a diesel, mas sua frota polui mais: em 2004 a região metropolitana de São Paulo reunia 5 milhões de carros e 30 mil ônibus, e a do Rio de Janeiro, 2 milhões e 200 mil automóveis e 16 mil ônibus.

Nas capitais dos países desenvolvidos, como Tóquio e Paris, o metrô, os trens modernos e o Veículo Leve sobre Trilhos (VLT), muito menos poluentes, são responsáveis por 70% dos deslocamentos diários da população. As pessoas praticamente não usam carro para ir ao trabalho. Usam-no nos fins de semana, à noite ou para ir às raras áreas não servidas pelo metrô. No Rio de Janeiro e em São Paulo verifica-se o contrário: as viagens sobre rodas, em carros e ônibus, respondem por até 85% dos itinerários urbanos, por causa da reduzida rede de metrô e do péssimo estado dos trens urbanos. Em 1996, o Rio de Janeiro bateu recorde internacional atingindo 90% de percursos sobre rodas; com o aumento da poluição, dos engarrafamentos e protestos, houve a retomada de investimentos em trens e metrô. Mas com a desordenada proliferação das *vans*, cuja frota, legalizada e clandestina, alcançou 14 mil unidades em 2004, o deslocamento sobre rodas se manteve em 88%, o que continua ambientalmente inaceitável.

A Comissão de Meio Ambiente da Alerj demonstrou que 80% dos carros que circulavam em 1995-1996 estavam com os motores desregulados. A Companhia Estadual de Tecnologia e Saneamento Ambiental (Cetesb) de São Paulo chegou ao mesmo resultado para a frota paulistana. A desregulagem gera carburação imperfeita e aumenta as emissões atmosféricas de poluentes em até 30%. Ela acrescenta 140 mil toneladas mensais de SO_2, CO, N_{ox} e outros venenos ao ar respirado no Rio de Janeiro e em São Paulo.

Durante o inverno, ocorre o fenômeno da inversão térmica. A massa de ar frio impede a dispersão dos poluentes, produzindo o efeito capacete, que retém uma nuvem de poluição sobre a cidade. Nessas circunstâncias, as pessoas respiram mais que o dobro de gases tóxicos por metro cúbico de ar.

Em São Paulo, durante o inverno, a poluição do ar mata mais do que a aids, atingindo principalmente crianças e idosos. Por essa razão, os órgãos ambientais implantaram o rodízio de circulação de automóveis, que obriga os carros a permanecerem nas garagens uma vez por semana durante os meses dessa estação.

A cidade de São Paulo no inverno: metrópole asfixiada pela emissão de gases concentrados em decorrência da inversão térmica. O efeito capacete faz com que a poluição do ar no inverno mate mais do que a aids.

Essa solução emergencial é de eficácia controversa. Na Cidade do México, a capital mais poluída do mundo, ela foi aplicada mas muitas famílias usaram um segundo carro, mais velho e mais poluidor, nos dias em que tinham de deixar o carro em casa. Sem a expansão e melhoria dos transportes de massa, o acréscimo da demanda gerado pela população que deixa o carro na garagem não é atendido, e essas pessoas não têm como se deslocar.

O rodízio em São Paulo pode ter sido inevitável, mas é fruto de omissões anteriores e não ataca as questões estruturais: a falta de planejamento da geração do tráfego, a insuficiência do transporte de massas, a má qualidade dos combustíveis, a desregulagem dos motores e o apelo simbólico (o *status*) dos automóveis.

O ganho inegável do rodízio foi a diminuição dos engarrafamentos, grandes agentes da poluição atmosférica, já que os carros, quando em marcha lenta, emitem mais gases. Quando meio milhão de carros foram retirados das ruas, os paulistanos circularam com velocidades 20% maiores. É importante ressaltar, porém, que a melhoria do transporte de massas integrado terá efeito permanente maior do que o do rodízio tanto no que se refere à retirada de carros das ruas quanto à diminuição do congestionamento.

No Rio de Janeiro, o problema é menos grave porque a frota é a metade da de São Paulo e a proximidade do mar dispersa os poluentes. Os ecologistas promoveram campanhas para que as pessoas regulem seus carros, o que diminui em 30% a poluição atmosférica. A Lei 2.539/96 do Rio de Janeiro estabeleceu o programa de inspeção anual da emissão dos veículos, que só poderão circular se estiverem dentro dos padrões definidos pelo Conselho Nacional de Meio Ambiente (Conama) para emissão atmosférica e para segurança veicular. Nos primeiros anos, as vistorias eram caras e demoradas, e não impediram a circulação de veículos poluidores. Depois de protestos, a vistoria passou a ser agendada, mais rápida, e, a partir de 2005, será impedida a circulação dos veículos que estiverem acima do padrão.

Nos Estados Unidos e na Europa, sistemas semelhantes vigoram há vários anos. A inspeção, totalmente informatizada, dura um minuto e custa 10 dólares. Ela indica os poluentes que estão fora do padrão e as peças que estão apresentando irregularidades. A regulagem traz economia de combustível e um rendimento superior.

Gás natural

O gás natural é 80% menos poluente do que o diesel e a gasolina. Ele corrói menos os carburadores e torna a manutenção do veículo menos onerosa. O Rio de Janeiro é o maior produtor nacional desse combustível, mais limpo e barato, na bacia de Campos, em Macaé. Veículos e indústrias podem utilizar o gás natural e diminuir a poluição do ar nas metrópoles.

Em 1987, os ecologistas uniram-se aos taxistas na campanha "Gás natural — Queime a poluição". Foram realizadas quatro carreatas com quinhentos taxistas pela liberação do uso do gás natural para os táxis. Até então, o uso do gás só havia sido autorizado para os ônibus, embora apenas oitenta deles tivessem sido convertidos para o uso de gás no Rio de Janeiro. Havia uma cooperativa de táxis a gás, a GásCoop, cujos integrantes utilizavam o biogás gerado pelo lixo orgânico decomposto, que era filtrado e comprimido, mas sua quantidade era limitada. A experiência da GásCoop demonstrou as imensas possibilidades de utilização de matéria orgânica, inclusive esterco do gado e vinhoto da cana-de-açúcar para a produção de biogás e biofertilizante. Esse procedimento é um sucesso em centenas de cidades da China, onde até a iluminação é à base de biogás.

Taxistas participaram posteriormente de atividades contra o desmatamento e em defesa do litoral. Em 1991, o gás natural foi liberado para os táxis e, em 1997, estavam convertidos para gás 13 mil táxis no Rio de Janeiro e 10 mil em São Paulo. Em 2004, 90% da frota do Grande Rio era movida a gás, e cada novo posto, por lei, deverá fornecer esse combustível.

Transportes integrados

Atualmente os jovens navegam na Internet conectados com pesquisadores e especialistas de todo o mundo. Um sistema de conexão com interface defeituosa e sem integração não flui, não é operacional. É o que acontece com os sistemas de transporte no Brasil.

A integração de uma ampla e estruturada rede de transporte de massas, conectada com os sistemas secundários, é a forma mais eficiente de combater a poluição atmosférica.

Vários percursos urbanos exigem mais de um meio de transporte. É necessária a integração trem-metrô, metrô-barca, trem-ônibus a gás, metrô-ciclovia, VLT-ônibus etc. As estações de trem suburbano devem estar acopladas à rede do metrô e aos terminais de ônibus. No terminal das barcas deve haver uma estação de metrô e um bicicletário. O ciclista terá como opção pedalar de dois a cinco quilômetros até uma estação de trem ou de metrô, guardar com segurança sua bicicleta num bicicletário, cujo custo é incluído no bilhete, e executar a mesma operação na volta. O cidadão economiza tempo e dinheiro e ainda garante boa forma física, sem gastar com academia.

O predomínio da opção "rodoviarista" (sobre rodas) nas principais capitais do país tem várias explicações: a falta de planejamento urbano, o poder da indústria automobilística e o poderoso grupo de pressão (*lobby*), organizado pelos donos das empresas de ônibus, que financia parlamentares e garante a manutenção de seus interesses e privilégios, bloqueando leis que dão passe livre a estudantes e idosos, as que criam normas ambientais para a renovação das concessões e as que exigem transparência das planilhas dos custos.

Água — o veneno nas torneiras

Ecologia do Terceiro Mundo começa com água, lixo e esgoto. Aqui, o "buraco da camada de ozônio" está na superfície, dentro de casa. Uma das principais causas da mortalidade infantil no mundo é a diarreia associada à desidratação e à perda de peso causada pelas infecções intestinais e disenterias. Segundo a ONU, entre 1991 e 1996, 6 milhões de crianças morreram por causa das doenças de veiculação hídrica (transmitidas pela água).

Segundo o Instituto Brasileiro de Geografia e Estatística (IBGE), em 1996, 40 milhões de brasileiros não dispunham de água canalizada e 70 milhões não tinham esgoto encanado ligado às suas moradias. Em 2003, os indicadores melhoraram: 82,5% dos domicílios eram abastecidos de água da rede, 48% possuíam rede coletora de esgoto e outros 21% dispunham de fossas sépticas. Mas as diferenças regionais chocam: enquanto na região Sudeste a cobertura sanitária (rede + fossa) chegou a 86% dos domicílios, no Nordeste a cobertura representou a metade do percentual, apenas 44%.

Em 1989, foi aprovado o artigo 279 da Constituição Estadual do Rio de Janeiro, que obrigou a Companhia Estadual de Água e Esgoto (Cedae) e as concessionárias privadas a divulgar semestralmente dados sobre a qualidade da água da rede.

Em 1991, a associação ecológica Defensores da Terra ajuizou uma ação exigindo que a Cedae cumprisse esse dispositivo constitucional. Obteve, posteriormente, os seguintes dados para o período 1991-1997: 22 municípios, entre eles os da Baixada Fluminense (mais populosos), os da Costa Verde e os do norte do estado, estavam com a água das torneiras com coliformes fecais. Todos apresentavam índices muito acima do padrão nacional: no máximo 5 amostras positivas em cada 100. O padrão do Ministério da Saúde exige que pelo menos 95% das amostras domiciliares apresentem total ausência de coliformes.

A Cedae tentou, em vão, desqualificar esses dados: eles foram coletados mês a mês, rua a rua, e analisados em laboratório pela Fundação Estadual de Engenharia do Meio Ambiente (Feema). A Secretaria Estadual de Saúde informou quais os municípios que, naqueles anos, registraram epidemias de doenças de veiculação hídrica, como diarreia infecciosa e hepatite. Todos os onze municípios que registraram epidemias estavam com a água contaminada. Foi comprovado que os milhares de pessoas que contraíram a *shiguella* (bactéria que provoca uma terrível diarreia) e a hepatite (que vitimou centenas de crianças) foram contaminadas pelos coliformes da água da rede — um autêntico crime ambiental.

No período 1994-1996, a mortalidade infantil da Baixada Fluminense (com as piores condições de saneamento e de qualidade da água) foi de 48 óbitos por mil bebês entre 0 e 1 ano, o dobro da verificada na cidade do Rio de Janeiro (23 por mil), onde esses serviços eram melhores (com exceção das favelas).

Palafitas na Favela da Maré, Rio de Janeiro, onde famílias moram em condições precárias.

Em setembro de 1996, o juiz Nagib Slaibi Filho, da 3ª Vara da Fazenda Pública, deu ganho de causa aos ecologistas e determinou que a Cedae divulgasse semestralmente as substâncias encontradas na água (a contaminação bacteriológica por coliformes, os venenos químicos e os metais pesados) e obrigou a empresa a colocar a água dentro do padrão de potabilidade.

As soluções dependem da prioridade no orçamento para troca das tubulações (velhas, furadas e próximas de esgotos), do monitoramento e da fiscalização da qualidade da água da rede e da extensão das redes de água canalizada e de esgoto tratado. Um quarto da população do país (em 1996) vivia sem água canalizada e 60% dos domicílios não dispunham de rede de esgoto em suas residências. Em 2003, cerca de um quinto da população continuava sem água canalizada e a metade não dispunha de rede de esgoto. Apesar do avanço, o quadro é de um grande passivo sanitário que degrada a qualidade de vida da população.

O vibrião da cólera passou pela Itália e os danos foram relativamente limitados: 400 pessoas contraíram a doença e 5 morreram. Lá todos têm em suas casas água canalizada e tratada, tratamento de esgoto e rede ambulatorial eficiente, com médicos bem remunerados e equipamentos adequados.

No Peru, 350 mil pessoas contraíram cólera, das quais 6 mil faleceram. Aí as condições sanitárias e ambientais eram totalmente precárias. No Brasil, o vibrião da cólera entrou pelo norte do país, contaminou milhares de pessoas nas insalubres periferias das capitais amazônicas, cresceu nas inchadas e subequipadas capitais nordestinas e engordou nas cidades e favelas da Baixada Fluminense, matando mais de quinhentas pessoas. O único remédio eficiente contra cólera é a prevenção.

Gestão dos recursos hídricos

A água doce e potável é um recurso cada vez mais raro e caro, por causa do assoreamento (diminuição da profundidade e do volume de águas) e da contaminação dos rios. Os ambientalistas defendem a gestão integrada e democrática e o uso múltiplo dos recursos hídricos. O uso da água para abastecimento, para irrigação, para navegação e para geração de energia elétrica tem de ser compatibilizado e a sua qualidade, garantida.

Nesse sistema, as prefeituras, as universidades e os usuários da água participam de comitês de gestão de bacias hidrográficas. O financiamento das atividades de recuperação ambiental depende da taxação das empresas, segundo o volume e a toxidez de seus afluentes (esgotos industriais), ainda que esses estejam dentro dos padrões legais. É o princípio "poluidor-pagador". Os recursos obtidos são destinados ao tratamento e monitoramento das águas, à reconstituição de vegetação protetora das nascentes, dos mananciais e das margens dos rios e aos sistemas de tratamento do lixo doméstico e industrial.

Leis federais e estaduais consagram os princípios e mecanismos de gerenciamento integrado e democrático das bacias fluviais, mas na realidade as coisas não se passam assim.

A água doce adequada ao consumo humano representa apenas 2% da água existente na Terra e está sujeita a usos irracionais e desordenados. No Brasil, constatou-se a redução da quantidade e da qualidade das águas das bacias do rio Doce (Minas Gerais e Espírito Santo), do rio São Francisco (Bahia e Minas Gerais), dos rios Piracicaba, Capivari e Tietê (São Paulo) e do rio Paraíba do Sul (Rio de Janeiro, São Paulo e Minas Gerais).

Há poucas experiências de consórcios intermunicipais de bacias hidrográficas no Brasil. Carecemos de tradição de associação entre órgãos governamentais e entidades da sociedade civil para a democratização da gestão das águas. Um exemplo bem-sucedido é o do Consórcio da Bacia do Piracicaba, em São Paulo. Enfrentando a poluição causada por efluentes industriais, lixo e esgoto, esse consórcio levantou os problemas, taxou os poluidores e financiou a construção de estações de tratamento. Apenas a Rhodia Indústria Química consumia 3 mil litros de água por segundo, o mesmo que uma cidade inteira com mais de 500 mil habitantes. As usinas de açúcar e álcool captavam 33% do total da vazão das bacias dos rios Capivari e Piracicaba. Participando da direção do Consórcio Intermunicipal, ambientalistas e universidades conseguiram democratizar o uso das águas, melhorar sua qualidade e fazer com que o ônus fosse sustentado pelos grandes usuários e poluidores. Afirmaram a competência da cidadania na gestão dos recursos hídricos. Posteriormente dezenas de comitês de bacia se organizaram, mas as empresas resistem ao pagamento da taxa de uso da água, enquanto as prefeituras e ambientalistas lutam para que os recursos cobrados revertam para as próprias bacias, com controle da população.

O domínio sobre os recursos hídricos foi historicamente exercido pelo poder econômico associado aos burocratas de órgãos submissos. No Nordeste, a elite da região usou a seca como estratégia de atração de recursos e de imposição do seu poder secular. A chamada "indústria da seca" permitiu que usineiros e latifundiários captassem recursos federais e os utilizassem em obras duvidosas, como açudes localizados em suas propriedades particulares e irrigação de terras de fazendeiros aliados. As políticas de conservação da água, dos mananciais, a discussão nacional da integração das águas da bacia do rio São Francisco com bacias hidrográficas de Ceará, Pernambuco e Paraíba para enfrentar a seca em regiões do Nordeste, e o saneamento básico e o controle da poluição industrial dos recursos hídricos constituíram, em 2004-2005, as prioridades, associadas à integração e ao controle social desses recursos.

O lixo urbano

O melhor critério para se aferir o padrão de qualidade de uma sociedade é avaliar a forma como são tratados as crianças, os velhos e os doentes mentais, como distribui a renda, como se alimenta e como trata seus rejeitos.

A forma como o lixo é gerado, sua composição, a proporção de seu reaproveitamento e sua disposição final são indicadores do desenvolvimento e da cultura da sociedade.

O que genericamente chamamos de "lixo" nada mais é do que matéria-prima fora do lugar. Nas sociedades pré-industriais, não havia uma separação tão marcada entre o urbano e o rural, entre a agricultura, o artesanato e a manufatura. Os restos de alimentos eram convertidos em comida para os animais, a sobra de madeira de uma construção virava lenha, as aparas de tecido da confecção artesanal convertiam-se em colchas de retalhos.

A industrialização gerou maior divisão social e técnica do trabalho e crescente especialização das atividades. As matérias-primas percorreram milhares de quilômetros e os rejeitos deixaram de ser reaproveitados localmente. A urbanização massiva dissociou as casas das hortas e da criação de animais, e debilitou o artesanato caseiro, um agente de reciclagem.

Com a escalada da grande indústria, milhares de toneladas de lixo químico passaram a ser lançados nos rios e lagoas ou enterrados sem processos de neutralização de seus efeitos nocivos. São como tonéis de bombas de retardo para as gerações futuras. As montanhas de lixo doméstico multiplicaram as legiões de ratos, baratas, moscas e mosquitos, criando um caldo de cultivo favorável à proliferação de doenças e epidemias.

No Brasil, foram coletadas por dia, em 1995, 105 mil toneladas de lixo doméstico por 5.200 empresas municipais de limpeza pública. Os 157 milhões de brasileiros geraram 700 gramas diárias de lixo *per capita*, sendo que desse total, 80% foram jogados em vazadouros a céu aberto ou em áreas alagadas. Os aterros controlados receberam 15% e as usinas de beneficiamento, que transformam o lixo em compostos orgânicos para a agricultura, receberam 5%.

Segundo o Compromisso Empresarial para a Reciclagem (Cempre), em 1995 o país reciclou 40% do alumínio, 20% do vidro, 30% do papel, 15% do plástico e 10% das latas de aço. Esses percentuais representam metade do que era reciclado na mesma época na Europa, no Japão e nos Estados Unidos. Nós, por falta de programas de incentivo e de educação ambiental, desperdiçávamos uma quantidade brutal de energia e matérias-primas, aumentando a poluição ambiental.

Em 2003, segundo a Pesquisa Nacional por Amostragem de Domicílios (PNAD), o Brasil tinha 174 milhões de habitantes, sendo que 85% dos domicílios tinham o lixo coletado. O lixo diário *per capita* passou para 750 gramas, sendo que 78% do total tinham como destino os lixões a céu aberto, sem tratamento de chorume. Segundo o Cempre, em 2003 os índices de reciclagem aumentaram para 89% das latas de alumínio, 45% das embalagens de vidro, 45% do papel, 20% dos plásticos e 47% das latas de aço. Em um país de pobres e excluídos, a organização de redes de coleta, de cooperativas e o bom preço pago, sobretudo para as latas de alumínio, resultaram num recorde: em 8 anos dobrou o índice total de reciclagem. Ainda há muito a avançar, sobretudo com a recuperação dos plásticos, das embalagens longa vida, das pilhas e do lixo químico.

A produção de alumina no Pará e no Maranhão, base para a produção de folhas e latas de alumínio, é a maior consumidora de energia gerada pela hidrelétrica de Tucuruí. Os custos dessa energia são subsidiados, de modo que empresas nacionais e multinacionais pagam menos pelo quilowatt do que as famílias pagam pelo consumo domiciliar. A lama vermelha da bauxita, matéria-prima para a alumina, causou nos últimos anos a poluição do litoral do Maranhão e tirou o peixe de milhares de pescadores. Só recentemente esse processo passou a ser controlado.

Os milhões de latas de alumínio ainda não recicladas representam um duplo transtorno ambiental: ao mesmo tempo provocam a degradação dos locais onde são indevidamente jogadas e causam o impacto de cavar mais minas, alagar mais áreas para geração de energia, construir mais bacias de contenção para a lama da bauxita e arcar com os inevitáveis acidentes que as chuvas fortes provocam, com sua ruptura ou transbordamento.

A tradição brasileira de reciclagem é recente. Pude acompanhar de perto, a partir de 1986, uma das primeiras experiências brasileiras de coleta seletiva de lixo doméstico: a do bairro de São Francisco, em Niterói, organizada pelo professor da Universidade Federal Fluminense (UFF), Emílio Eingenheer. Posteriormente integrei a banca examinadora que aprovou sua tese de mestrado sobre essa experiência.

São Francisco é um bairro de classe média e o processo, sem qualquer apoio governamental, envolveu 1.500 casas e 10 mil pessoas, recolhendo 20 toneladas por mês. Partindo da insuficiência da coleta diária formal de lixo e atenta ao que era desperdiçado diariamente, a associação de moradores organizou debates com o professor Emílio, que havia estudado na Alemanha, onde conheceu a filosofia e a prática da reciclagem.

A base do trabalho foi a informação, a consciência e a mudança de comportamento, com a adoção de uma elementar prática cotidiana: a separação dos componentes do lixo doméstico. Uma caixa para o vidro, outra para o alumínio, uma para o papel e outra para o plástico. Na primeira etapa, o lixo orgânico (restos de comida) foi separado, mas não reaproveitado. Num terreno baldio, construiu-se um galpão e demarcaram-se as áreas de depósito do material separado. Meninos da favela próxima foram contratados para recolher nas casas o lixo separado. O papel das igrejas locais foi decisivo: além de apelar aos seus fiéis para que aderissem à experiência, várias igrejas funcionavam ainda como postos de coleta do material trazido solidariamente por pessoas de outras áreas, que dessa forma ajudavam a viabilizar a atividade.

Cada etapa dessa caminhada enfrentou desafios: a negociação com os sucateiros (compradores do material reciclável); a instalação de um equipamento compactador de alumínio e de um triturador de vidro; o convênio com a Prefeitura, que percebeu que essa prática diminuía a quantidade de lixo coletada por seus serviços, reduzindo seus custos; o interesse da UFF em criar um programa de pesquisa e apoio à experiência; a superação do ceticismo inicial das famílias; enfim, a afirmação de uma nova prática social. O dinheiro arrecadado sustentava o salário de quatro garis, tornava o bairro mais limpo e custeava remédios para o posto de saúde de uma comunidade carente. Essa experiência criou um vínculo de solidariedade entre os moradores do asfalto e os da favela, diminuindo a violência e ampliando os espaços de cidadania. Esse modelo foi copiado por condomínios, quartéis e empresas, mas o poder municipal custou a estendê-lo para o conjunto da cidade.

Tais práticas mantêm-se à margem do sistema oficial, por vezes estruturado em caras usinas de lixo, centralizadoras e ineficientes. Quando centenas de toneladas de lixo são transportadas diariamente para um único local distante, ele vai sendo misturado e decomposto de tal forma que, depois, grande parte dele fica imprestável para o reaproveitamento, e a operação torna-se cara e ineficiente.

A questão central é diminuir a geração do lixo, separando-o na sua origem e evitando a poluição e o desperdício que a mistura inevitavelmente provoca. A sociedade deve lutar contra as garrafas e embalagens descartáveis e não biodegradáveis, que aumentam a quantidade de lixo jogado nas valas e nas ruas. O adubo, gerado da matéria orgânica, é misturado com metais pesados, como o mercúrio dos termômetros e o cádmio das pilhas, e pode contaminar solos e alimentos, caso não haja controle e prévia triagem.

Milhares de pobres excluídos trabalham nos lixões metropolitanos catando lixo. São legiões de homens, mulheres e crianças que literalmente vivem no lixo, disputando com porcos e ratos sua fonte de sobrevivência. Trabalham geralmente sem luvas, descalços, adoecem, vivem pouco e morrem contaminados, tal qual as baías e lagoas atingidas pelo chorume.

Nesses lixões, ecologistas de São Paulo, Pernambuco, Rio de Janeiro e Bahia documentaram a presença de lixo hospitalar e lixo químico misturados com o lixo doméstico em áreas de atividade de catadores. Seringas, bolsas de sangue, fetos, borra ácida de estações de tratamento de indústrias fundidos com restos de comida, vidros e latas, formando um tatame disforme sobre o qual moviam-se porcos, crianças e velhos catadores. Alguns dos lixões situavam-se nas vizinhanças do local onde se realizou a Rio-92, quando o Brasil afirmou para 194 chefes de Estado seu compromisso com o meio ambiente humano.

Conheci centenas dessas especiais figuras humanas, cujas roupas e barracos improvisados eram o produto desconjuntado desse lixo que os alimentava e os consumia. Algumas experiências bem-sucedidas criaram cooperativas com essa gente, oferecendo-lhe condições decentes de trabalho

Lixão no interior de São Paulo. Em todo o país, os lixões são um retrato cruel da fusão do drama ambiental e do drama social.

e aumentando a eficiência do processo. Apenas em 2003 o Rio de Janeiro aprovou a lei de política estadual de resíduos sólidos, com prazo para os municípios terminarem com os lixões e implantarem aterros sanitários impermeabilizados, com tratamento de chorume, apoio às cooperativas de catadores e coleta seletiva domiciliar. Porto Alegre, Curitiba e Belo Horizonte avançaram com as práticas de redução de rejeitos e de coleta seletiva.

· Ferros-velhos: do roubo à reciclagem

Na Europa, o dono de um ferro-velho geralmente é um cidadão respeitado que paga imposto e participa da cadeia de reciclagem de materiais como ferro, vidro e borracha. Em São Paulo e no Rio de Janeiro, os ferros-velhos (desmanches) são elos da cadeia de roubo de carros. Muitos dos proprietários desses ferros-velhos são policiais ou ex-delegados que agem diretamente ou por meio de testas-de-ferro e integram quadrilhas internacionais de roubo de veículos, alimentando a violência urbana e aumentando o custo do seguro de automóveis.

Ambientalistas e organizações não governamentais (ONGs) de combate à violência passaram a exigir rígido controle dos desmanches por meio de notas fiscais de entrada e de saída de peças, com registro da identidade dos compradores e vendedores. O objetivo dessas campanhas foi transformar os ferros-velhos — elo do mercado do roubo — num elo do circuito da reciclagem.

O processo é complexo e depende do combate à impunidade e da conexão com indústrias que reutilizam tais materiais. Esse é um exemplo de como os princípios ecológicos podem contribuir para a segurança da cidadania e o combate à violência.

Orçamento participativo

A democratização da vida das cidades avança quando os cidadãos participam da definição de prioridades e da fiscalização da aplicação dos recursos. A experiência de orçamento participativo adotado em várias cidades ampliou a cidadania e reduziu a corrupção.

Esses processos se completam com práticas de controle público em empresas e televisões. Uma empresa não é social ou pública exclusivamente por ser estatal. Várias empresas estatais foram administradas em função de interesses de empresas privadas ou dos partidos políticos no poder. Outras tiveram gestões autoritárias em relação aos funcionários e poluíram o meio ambiente.

Dezenas de municípios desenvolveram diferentes processos de orçamento participativo. Em alguns casos, houve conflitos com vereadores que temiam o esvaziamento de suas atribuições pelos conselhos populares, que interfeririam no direcionamento dos recursos do orçamento municipal. Os vereadores conscientes perceberam que suas funções mais relevantes, como aprovar leis, fiscalizar os atos do poder executivo e votar as diretrizes orçamentárias, não seriam esvaziadas. Elas passaram a ser acompanhadas e respaldadas pela participação permanente dos cidadãos.

A experiência do orçamento participativo em Porto Alegre funcionou em plenárias nas dezesseis regiões do município e em estruturas temáticas, como saneamento e educação. Durante esse processo, foram definidas prioridades, por região e por tema, e escolhidos os delegados e os conselheiros municipais do orçamento participativo. Os delegados fazem a ligação entre os conselheiros e a comunidade e deliberam sobre aspectos do plano de investimentos municipal. Os conselheiros participam da fiscalização da execução orçamentária, verificando como são gastos os recursos públicos. A cobertura do município pelo saneamento básico, a despoluição do rio Guaíba (RS) e a ampliação da reciclagem do lixo urbano foram consequências ambientais positivas desse processo.

A multiplicação dessa experiência em dezenas de cidades resultou na utilização mais racional dos recursos municipais e motivou as pessoas a conhecer os problemas e deles participar, comparando as soluções adotadas para tentar aperfeiçoá-las nas plenárias seguintes. Em algumas cidades, os orçamentos detalhados e sua aplicação mensal estão disponíveis para consulta em terminais de computador e na Internet. Vários desses municípios passaram a investir mais em saneamento básico e em programas de recuperação dos ambientes urbanos degradados. São exemplos da utopia possível da cidadania ecológica.

5. Educação ambiental

As escolas devem funcionar como polos irradiadores de consciência ecológica, envolvendo as famílias e a comunidade. Escolas podem defender lagos, reflorestar encostas, abrigar centros de reciclagem.

Ecologia na sala de aula e na sociedade

Assisti, numa manhã de verão, à aula inaugural de educação ambiental numa inovadora escola de Niterói (RJ). Entre os alunos reinava um clima de expectativa enquanto o professor repassava suas anotações. Vale a pena narrar como decorreu essa aula, para dela tirarmos algumas lições.

No quadro-negro, o mestre descrevia o fenômeno da fotossíntese enquanto os alunos não dissimulavam a frustração com uma dissertação tradicional, sem novidades das aulas de Ciências.

A escola fica em frente à Baía de Guanabara e o vento trazia um forte odor de sardinha de duas indústrias poluidoras que se recusavam a instalar estações de tratamento. O mau cheiro entrava na sala, mas não na aula, insensível à podridão do ar que se respirava.

Havia uma favela nos fundos da escola, onde as chuvas derrubaram barracos e pessoas contraíram a leptospirose, doença transmitida pela urina dos ratos que, em contato com a água, contamina as pessoas depois de inundações. As causas da catástrofe foram o desmatamento, a erosão e o lixo jogado nas valas, que impediu a drenagem das águas. Alguns funcionários e alunos da escola moravam na favela e adoeceram, mas esse problema não chegou ao quadro-negro, onde o mestre desenhava uma árvore absorvendo a água da chuva pela raiz.

O bairro da escola não teve planejamento urbanístico. Nossos tímpanos eram atingidos pelo barulho vindo de um viaduto próximo em que circulavam veículos pesados. A janela não podia ser fechada por causa do calor, e o excesso de decibéis impedia que os alunos ouvissem o professor. A poluição sonora esteve ausente na aula inaugural, na qual a fotossíntese era estrelada pelo Astro Rei (um sol desenhado com giz amarelo).

Educação ambiental bem-ensinada e bem aprendida tem de ter relação com a vida das pessoas, o seu dia a dia, o que elas veem e sentem, o seu bairro, a sua saúde, as alternativas ecológicas. Caso contrário, é artificial, distante e pouco criativa.

A educação ambiental é tema obrigatório nos encontros de ecologistas. Todos são favoráveis à educação ambiental ampla e obrigatória, mas há pontos controversos: ela deve estar numa única cadeira ou em módulos de várias disciplinas? Em que séries ela deve ser obrigatória? Como devemos capacitar professores para ministrar cursos de bom nível que relacionem ecologia, ciência, vida cotidiana e mudança cultural? Como combinar a educação ambiental formal, em sala de aula, com práticas externas que apliquem os conceitos estudados em sala? Deve ser dado o mesmo tipo de aula a alunos de diferentes regiões do país ou mesmo de um estado?

Ainda que o currículo disponha de uma cadeira especializada, os princípios de educação ambiental devem estar presentes em outras disciplinas, como História, Ciências Sociais, Geografia e Ciências da Saúde. É impossível ensinar a organização espacial das atividades e da rede de cidades sem mostrar seus impactos ambientais. Estudar o corpo humano e saúde sem as explicações das causas ambientais das doenças é ignorar as interações determinantes com o meio que nos envolve.

Os alunos devem ter uma visão diversificada da questão ambiental. As aulas práticas para os alunos da Amazônia devem ser centradas em temas regionais, diferentes daqueles selecionados para os alunos paulistas, como a discussão do rodízio de carros, distante da realidade vivida no norte do país assolado por queimadas. O essencial é a formação dos educadores que lecionarão essas disciplinas. Eles devem frequentar cursos especiais, teóricos e práticos, que lhes forneçam embasamento multidisciplinar. As aulas devem motivar alunos de diferentes faixas etárias. Em algumas cidades, foram instituídos concursos para que os alunos de primeiro grau elegessem o mamífero, a ave, o peixe e a planta que simbolizassem suas regiões. A escolha foi precedida de excursões às áreas de ocorrência das espécies regionais e da divulgação de dados e fotos delas. Em certas escolas, os alunos realizaram representações teatrais sobre os processos que ameaçavam essas espécies. Tais iniciativas são exemplos práticos e atrativos de como fazer com que os estudantes conheçam melhor a ecologia regional.

Reciclagem nas escolas

A implantação da coleta seletiva de lixo nas escolas deve ser precedida de reuniões de trabalho com a diretoria e com o corpo docente. Em conjunto com o grêmio dos alunos, deve ser preparado um material visual atrativo e didático sobre o funcionamento da coleta. A participação dos funcionários garante a coleta e guarda do material separado. Cada unidade da rede deve ter uma sala preparada para o depósito do material.

O contato com empresas de reciclagem e com sucateiros deve ser feito pelos responsáveis pela experiência, e a pesagem do material coletado deve ser feita na presença dos alunos.

As gincanas de reciclagem podem aumentar a motivação ao oferecer prêmios às turmas que arrecadarem a maior quantidade de papel, de plástico e de latas de alumínio. Os recursos obtidos com a venda do material coletado podem servir à aquisição de equipamentos escolhidos pelas próprias turmas.

Na rede de escolas Pedro II, no Rio de Janeiro, os Defensores da Terra desenvolveram com alunos e professores um programa de reciclagem, e os recursos obtidos serviram para a compra de ventiladores, material esportivo e computador.

É difícil manter a continuidade da experiência, reorganizar o trabalho a cada volta das férias escolares, integrar os pais nesse esforço como uma atividade familiar de educação ambiental e estimular a separação do lixo nas casas. A comunidade é motivada a pressionar os serviços de limpeza pública para que executem a coleta seletiva, uma vez que misturar tudo o que se separa nas casas é um retrocesso e uma deseducação.

Poucos condomínios, bairros e escolas praticam a reciclagem. Os moradores com consciência são desestimulados pela inércia do poder público, restando a eles a opção de levar seu lixo separado às associações e escolas que praticam a coleta seletiva como apoio às experiências. Por mais de 10 anos, os ambientalistas do Rio de Janeiro, de São Paulo, de Belo Horizonte exigiram das empresas municipais de lixo a coleta seletiva. Um dos argumentos usados para não implantá-la era o aumento do custo da coleta, pois triturar tudo junto simplifica e acelera a operação. Trata-se de falácia, pois esse raciocínio não contabiliza o ganho com o reaproveitamento dos materiais, os empregos criados, nem o aumento do tempo de vida útil dos aterros sanitários — já que diminui a quantidade diária de lixo depositada. A partir de 2003, em alguns bairros dessas capitais foi implantada a coleta seletiva domiciliar, porém sem a integração necessária com as cooperativas de catadores e com as associações de moradores. Mas foi uma vitória importante dos ambientalistas.

Educação ambiental informal

Educação ambiental é mudança de comportamento. Exige a combinação de elementos científicos e teóricos com experimentação, práticas e conhecimentos externos à escola.

Algumas escolas de São Paulo, Porto Alegre, Niterói e da Baixada Fluminense prepararam alunos para que eles fizessem medições ambientais. Usando equipamentos como o decibilímetro (medidor de ruídos), o medidor do monóxido de carbono (CO) e o papel de tornassol (que mede a acidez da água), os alunos quantificaram a poluição sonora nos bairros, a emissão de poluentes dos escapes dos carros e a incidência da chuva ácida na região.

Com duas semanas de preparação, os alunos do Centro Educacional de Niterói mapearam as ruas com decibéis acima do permitido por lei, descobriram que a maioria dos carros estava fora dos padrões de emissão de CO e detectaram chuva ácida em bairros em que o órgão ambiental nada havia constatado.

Os alunos que produzem indicadores ambientais aprendem a origem da poluição e as medidas necessárias para diminuí-la e estão mais preparados do que aqueles que têm conhecimentos ministrados apenas no quadro-negro.

Os alunos participaram posteriormente de campanhas contra a poluição sonora e do ar, conhecendo os benefícios das medidas que exigiam do poder público.

Outras escolas adotaram práticas inovadoras de educação ambiental informal, como a participação dos alunos em movimentos ecológicos. Foi o caso da região dos Lagos (RJ), em que a Lagoa de Jacarepiá estava secando. Como os lotes dos terrenos tinham por limite o espelho d'água da lagoa, firmas construtoras fizeram canais de dreno (ou sangradouros) que diminuíram o espelho d'água, aumentando o tamanho dos lotes. Foi um crime ecológico motivado pela ganância. Os ecologistas de Saquarema alertaram os órgãos ambientais e a Justiça, mas nada foi feito.

Manifestação de estudantes "caras pintadas", pelo *impeachment* do presidente Collor. Grandes movimentos populares e democráticos começam pela conscientização da juventude. O movimento ecológico não é exceção.

As escolas entraram em cena com aulas sobre os ecossistemas lacustres (interação da fauna e flora com o sistema dos lagos), e os alunos fizeram redações, desenhos e manifestações. Os estudantes e os ambientalistas conseguiram dois caminhões de terra e taparam os canais de dreno. Em três anos, a lagoa recuperou seu espelho d'água anterior.

Em São Paulo, foram organizados grupos de alunos de várias escolas para medir a poluição dos ônibus. Os alunos aprenderam a usar a Escala de Hinguelman — uma cartolina com um buraco redondo e uma escala de cinco cores: branca, com valor 1, cinza-claro, com valor 2, até totalmente preta, com valor 5. Por meio da verificação visual, a 10 metros de distância, compara-se a cor da fumaça com a cor da tabela. A partir do valor 3, inclusive, os ônibus estão em situação ilegal e podem ser multados. Os estudantes não têm competência legal para multar, mas, por meio de convênio com órgãos ambientais, a constatação vale como advertência, o que obriga as empresas a regular os motores, pois a reincidência resulta em multa maior.

Os estudantes paulistas começaram a discutir alternativas de transporte coletivo menos poluentes, como o metrô e os ônibus a gás natural, com conhecimento de causa. A experiência mexeu com a inércia dos fiscais estaduais e levou algumas empresas de ônibus a melhorar seus precários serviços de manutenção.

Após a aprovação da Lei Estadual 3.325, da educação ambiental, várias escolas do Rio de Janeiro passaram a monitorar a qualidade da água de rios e lagoas, reflorestar encostas e realizar pesquisas e trabalhos conjuntos com as famílias dos estudantes, convertendo-se, assim, em polos de irradiação de consciência ecológica. A escola Euclides da Cunha, em Teresópolis, com apoio de um laboratório e do Conselho Regional de Engenharia e Arquitetura (Crea), passou a monitorar a qualidade da água do rio Paquequer, verificando os trechos de aumento da poluição e exigindo providências dos responsáveis. Partimos para uma nova relação da escola com a sociedade.

6. Ecologia humana

ATIVISTAS E PENSADORES DESENVOLVERAM ALTERNATIVAS À ALIMENTAÇÃO, À MEDICALIZAÇÃO DA SAÚDE, QUE VISA O EQUILÍBRIO CORPORAL, ESPIRITUAL E A QUALIDADE DE VIDA, INCLUINDO CRÍTICAS ÀS POLÍTICAS DE POPULAÇÃO COERCITIVAS E ÀS PROPOSTAS DE ESTERILIZAÇÃO EM MASSA DOS POBRES.

A saúde segundo a ecologia

Cientistas políticos de formação libertária, como o francês Jean Pierre Dupuy e o austríaco Ivan Illich, incorporaram princípios da Ecologia Política e desenvolveram teses originais sobre a base ambiental da saúde da população e acerca de desequilíbrios originados pela crescente intervenção da instituição médica no cotidiano dos indivíduos. Esse fenômeno deriva da concepção da medicina curativa (que atua sobre os efeitos, ao contrário da medicina preventiva) e favorece a invasão farmacêutica.

Numerosas doenças têm origem em fatores ambientais, como a poluição, a falta de saneamento, a má qualidade da água e da alimentação. Por exemplo, o desmatamento e a falta de higiene sanitária permitem a proliferação do mosquito da dengue. Segundo o Ministério da Saúde, entre 1994 e 1996, os casos de dengue saltaram de 56 mil para 124 mil. Outras doenças são produto da moderna farmacologia, da contaminação por produtos químicos, da má alimentação e do estresse.

As doenças não são menos contraídas por causa apenas das inovações da medicina. Uma terapia eficaz somente pode ser aplicada com êxito no momento em que a doença perde seu caráter endêmico. Isso não se obtém com a medicina curativa, mas com a eliminação das causas sociais, sanitárias, econômicas e ecológicas das doenças.

Pesquisa realizada em 1995 na Universidade de Paris VII, na França, demonstrou que o aumento de 10% do número de médicos por habitante provocava a redução de 0,5% da mortalidade da população, enquanto a diminuição de 10% da concentração de lipídios (gorduras) e frituras na alimentação reduzia a mortalidade em 2,5%, sendo portanto cinco vezes mais eficiente.

No Terceiro Mundo, a realidade é outra: faltam médicos e os que trabalham no setor público recebem baixos salários. Aqui a fome mata muito, embora o excesso de gordura mate cada vez mais, sobretudo se combinado com estresse, fumo e outros males típicos da nossa sociedade.

No estado de São Paulo, entre 1987 e 2002, houve um incremento de 100% da obesidade entre os homens e de 61% entre as mulheres. Essa estatística devastadora resulta de atividades sedentárias, oferta de alimentos calóricos em lanchonetes e poucos espaços e incentivos ao exercício físico e ao relaxamento.

Segundo o professor René Dubos, uma das grandes autoridades europeias das ciências médicas, a saúde é a capacidade autônoma de as pessoas exercerem um domínio sobre suas condições de vida, controlando as condições de trabalho e de alimentação e evitando ambientes e processos produtivos nocivos.

Segundo Dupuy, nos hospitais dos Estados Unidos, o uso abusivo ou incorreto de remédios tem sido responsável pela morte de 140 mil americanos por ano e tornam 3,5 milhões dependentes ou portadores de graves sequelas.

Os problemas não se limitam às cidades. O capitalismo cerceia a autonomia dos camponeses, expropriando suas terras, transformando-os em boias-frias (trabalhadores temporários) e aumentando a mobilidade do trabalho entre diferentes regiões, segundo o calendário agrícola das colheitas.

Esse processo fragmenta as famílias, enfraquece a dieta alimentar e debilita a saúde. O uso intensivo de agrotóxicos envenena os trabalhadores rurais e contamina as fontes de água. Desenraizados e enfraquecidos, os boias-frias apresentam taxas de mortalidade até 30% superiores às verificadas entre os pequenos proprietários.

Os trabalhadores são submetidos ao alucinante ritmo das linhas de montagem, ensurdecidos nos altos-fornos, contaminados nas indústrias químicas, expostos a gases tóxicos e a produtos cancerígenos. As tecnologias sujas envenenam cotidianamente: a intoxicação por chumbo, a contaminação pelo mercúrio, a leucopenia (queda de glóbulos brancos e do sistema imunológico) provocada pelo benzeno, a silicose (doença nos pulmões) provocada pelo jato de areia, o mesotelioma (tumor nos pulmões) provocado pelo amianto.

Os trabalhadores do Terceiro Mundo vivem geralmente em bairros insalubres, sem saneamento. Gastam até três horas diárias para se deslocar de casa para o trabalho e vice-versa e frequentemente trabalham duas ou três horas extras diariamente para suplementar os baixos salários. Dormem poucas horas e convivem com o medo do desemprego. Nessas condições não há remédio que impeça o desequilíbrio de sua saúde física e mental.

Saúde mental

A sociedade tem dificuldade de tratar a doença mental. Essa doença é desconhecida, tratada com preconceito e medo. As pessoas têm medo de perder o controle sobre seus atos, de ser, algum dia, internadas em instituições psiquiátricas e as famílias envergonham-se de ter um doente mental.

As pessoas internadas e classificadas como doentes mentais no Brasil são geralmente pobres, desempregadas, alcoolizadas, perdem os amigos, as fontes de renda e a autoestima.

O doutor Jayme Landmann, professor titular de medicina da Universidade Estadual do Rio de Janeiro (UERJ), em seu livro *Medicina não é saúde*, analisou a evolução do número de pessoas internadas como doentes mentais no Brasil: 387 mil em 1979, 426 mil em 1981 e 604 mil em 1988. Landmann constatou que a maior parte delas recebia menos de dois salários mínimos por mês ou estava desempregada, 60% eram alcoólatras ou usuários de drogas e 80% foram confinados em instituições que os tratavam com métodos repressivos, eletrochoques e drogas psiquiátricas pesadas. Segundo o Ministério da Saúde, em 1996 foram registradas 822 mil internações, sendo a maioria de migrantes e seus familiares, que consumiram 341 milhões de reais.

Em sua tese de doutorado *As razões da tutela*, defendida em 1992, o psiquiatra Pedro Gabriel Delgado, da Universidade Federal do Rio de Janeiro (UFRJ), tipificou as situações correntes de internação:

1) Um cidadão de 30 anos, filho único de família de posses, é internado por vários anos como indigente em hospital público, embora fosse o herdeiro presumido das posses da família.

2) Uma cidadã jovem, grávida, tem o filho no próprio asilo onde está internada; após separação do filho, que é encaminhado contra a sua vontade à Fundação Nacional de Bem-Estar do Menor (Funabem), é submetida à esterilização cirúrgica.

3) Um operário metalúrgico, de um grupo de 300 demitidos de uma fábrica no interior do Rio de Janeiro, golpeia com martelo o próprio dedo diante da perícia médica para conseguir diagnóstico de doença dos nervos e receber o benefício da Previdência Social.

4) Uma mulher de 35 anos é internada pelo marido que suspeitou de infidelidade conjugal. Requer "alta", por meio de um advogado, e o juiz requisita exame psiquiátrico da recorrente.

Esses casos mostram como é fácil internar alguém, contra a vontade dele, por vingança, interesse econômico ou ciúme. Uma vez internada, os direitos de cidadania da pessoa se evaporam. Não adianta uma pessoa sem problemas mentais repetir isso, gritando todos os dias, porque vários loucos fazem exatamente o mesmo. Em sua tese, Pedro Gabriel Delgado defende a reforma psiquiátrica como a reconstituição da cidadania dos doentes mentais. Vários países, entre os quais a Itália, a Inglaterra e os Estados Unidos, há muitos anos deixaram de ter asilos psiquiátricos de internação massiva e prolongada, resquício medieval com forte presença no Brasil, que começou a ser revertido a partir de 2001.

A Casa de Saúde Doutor Eiras, de Paracambi (RJ), é um exemplo emblemático. Em vistoria conjunta de parlamentares, médicos e representantes dos conselhos de psiquiatria, em 1993, encontrou-se um autêntico inferno de Dante. Três mil e cem pessoas arrastavam-se, quase nuas, sem música para escutar, sem uma bola para chutar ou cerâmica para modelar. A maioria era dopada e permanecia internada, de cinco a dez anos, rendendo cada uma cinco salários mínimos mensais aos donos dessa casa de horrores. Segundo o Ministério da Saúde, entre 1994 e 1996, o maior gasto das internações no país foi o das instituições psiquiátricas.

A comissão constatou a péssima qualidade da comida, os maus-tratos, gente amarrada nas camas, doentes que tinham família em outros estados, pessoas que não estavam loucas e que a comissão ajudou a sair desse inferno, mulheres deficientes mentais grávidas dos vigilantes. O exame dos registros mostrou que morria anualmente 10% da população interna. A primeira causa de morte eram as lesões provocadas por tombos repetidos desses "pacientes" transformados em zumbis pela ingestão permanente de drogas. Essa "indústria da loucura", tornada crônica, não pode deixar indiferentes os que se preocupam com a ecologia humana.

Há no Brasil várias experiências alternativas, em que pessoas portadoras de problemas mentais são tratadas com vistas à sua reintegração social. Um exemplo bem-sucedido da eficácia das terapias não repressivas e da filosofia contrária à internação perpétua é o da Casa de Saúde Anchieta, em Santos (SP). No passado, esse estabelecimento era semelhante ao Doutor Eiras, mas houve intervenção do município. A direção e os funcionários mudaram radicalmente os métodos e as atividades, os castigos foram banidos e os internos foram sendo progressivamente reintegrados em suas comunidades e famílias.

Os internos, antes inativos e confinados, passaram a trabalhar em artesanato e impressão de camisetas. Uma experiência inovadora, internacionalmente conhecida, foi a criação da rádio Tantã e da TV Tantã, com programação realizada por médicos e pacientes e transmissão para a cidade de Santos. As atividades esportivas e musicais incluíram familiares e amigos e foram realizadas nas praças da cidade (nesses encontros, as músicas de Raul

Seixas eram sempre tocadas). Metade dos 620 internos foi reintegrada em três anos. No Rio de Janeiro, o Hospital Doutor Pinnel seguiu o mesmo caminho, com a TV Pinnel, ciclos de conferências e atividades teatrais em conjunto com o Teatro do Oprimido, de Augusto Boal. Em 2001, foi aprovada a lei de Paulo Delgado para a progressiva desospitalização dos internos, com ativação dos Centros de Atendimento Psicossocial (Caps), dos hospitais-dia e lares protegidos. Em 2002, o Rio de Janeiro aprovou a Lei 2.944, garantindo direitos fundamentais aos pacientes de saúde mental, entre os quais o direito ao esporte, à leitura de jornais, ao conhecimento (extensivo aos familiares) dos efeitos colaterais dos remédios e de mecanismos que controlam a internação compulsória, acompanhados pelo Ministério Público.

O filósofo francês Michel Foucault alertava que as mais difíceis e decisivas batalhas contra as sociedades totalitárias e repressivas travavam-se não nos palácios de governo, mas na gestão dos manicômios, das prisões, das escolas, nas estruturas da Justiça e da polícia.

Pacientes fazem trabalhos manuais em "A Casa", instituto para pessoas com distúrbios mentais, em São Paulo.

Invasão farmacêutica

A maioria das pessoas usa drogas legais, como álcool, remédios e cigarro, ou as ilegais, como a cocaína e o *crack*. As drogas farmacêuticas que mais criam dependência são os anoréticos (inibidores de apetite), os ansiolíticos (contra a ansiedade) e os antidepressivos, geralmente vendidos sem receita médica. Nos Estados Unidos, esses três tipos de medicamento são responsáveis por 30% do total das vendas em farmácias, movimentando um mercado anual de 30 bilhões de dólares. No Brasil, em 1996, havia 12 milhões de dependentes de ansiolíticos, como Diazepan, Lexotan e Lorax. Em 2004, o Ministério da Saúde divulgou que apenas o álcool vitimou, no país, nove vezes mais pessoas do que todas as drogas ilegais juntas.

As principais causas das doenças no Brasil são a pobreza, a fome e a deterioração do quadro de vida da população. No Norte e Nordeste ainda são importantes causas de morte as doenças parasitárias e infecciosas, que têm forte influência ambiental. No Sul e Sudeste as principais causas de morte são as doenças do aparelho circulatório (enfartes, acidentes vasculares cerebrais e hipertensão). São doenças crônico-degenerativas originadas na ansiedade, na tensão, na competição, na alimentação desequilibrada, no fumo, no álcool e no uso excessivo e compulsivo de drogas farmacêuticas.

Os estados do Rio de Janeiro e de São Paulo tinham em 1996 o dobro de farmácias por habitante em relação a Roma e Paris, grande parte sem farmacêuticos diplomados, e muitas delas com promoção de vendas como os supermercados. É a conhecida "empurroterapia" (pague 2 e leve 3), que entre 1993 e 2002 vitimou 120 mil pessoas no país.

O Conselho Federal de Farmácia e os movimentos pela saúde lutam por farmácias de qualidade, com remédios genéricos designados por seus princípios ativos e não por nomes-fantasia (estes são utilizados para criar marcas atraentes e aumentar os preços), com farmacêuticos presentes, sem promoções de vendas e com preços acessíveis.

A industrialização do parto

Os mecanismos do capitalismo revelam uma voracidade em transformar nossos desejos, necessidades e o ambiente vital em mercadorias comercializadas.

A aparência estética, o condicionamento físico, o desempenho sexual, tudo passou progressivamente do domínio da comunidade, dos amigos, da família para o domínio do capital, do *marketing* e dos especialistas.

O parto foi gradativamente sendo transformado de um acontecimento familiar para uma intervenção cirúrgica cara e sofisticada, com restrita participação da família. Moyses Paciornik, médico obstetra que realizou pesquisas no sul do Brasil, em seu livro *Parto de cócoras: aprenda a nascer com os índios*, ensina que por séculos as mulheres sadias davam à luz seus filhos na posição acocorada.

A falta de exercícios, a vida sedentária e a obesidade das mulheres da classe dominante diminuíram sua flexibilidade, criaram problemas nos partos e provocaram mudança de hábitos. Isso deu origem ao parto em que a mulher fica deitada e inaugurou a obstetrícia moderna, em leito. Esse método foi institucionalizado por Mauriceau, médico da nobreza parisiense, em 1700, e virou moda e símbolo de *status*.

O capitalismo sofisticou e encareceu essa intervenção ao extremo e transformou a obstetrícia na maior fonte de iatrogenia (conjunto de problemas e doenças originados da própria intervenção médica).

Paciornick conviveu por anos com os índios do Paraná e realizou exames em centenas de índias que praticavam o parto de cócoras. Notou que o estado genital delas era melhor que o das mulheres "civilizadas" com igual número de filhos. Paciornick descobriu que parte das poucas índias que apresentavam incontinência urinária teve o parto feito por enfermeiras da Funai na posição ginecológica clássica.

A insatisfação sexual entre as índias foi três vezes inferior ao das mulheres "civilizadas". As razões eram: vida em contato com a natureza, ausência de certos tabus, melhor estado físico derivado de exercícios cotidianos e as sadias condições do parto.

Milhares de mulheres têm sofrido, no Brasil, sérios problemas e até perdido a vida em cesarianas desnecessárias. Na rede pública e conveniada, em 1970, as cesarianas representavam 15% dos partos; em 1980, já haviam saltado para 30% e em 1990 chegaram a 35% do total dos partos. Em 1995, em São Paulo e no Rio de Janeiro, segundo o Serviço Único de Saúde (SUS), a taxa de cesáreas foi de 37% dos partos. São intervenções em média quatro vezes mais caras e que apresentam riscos três vezes maiores

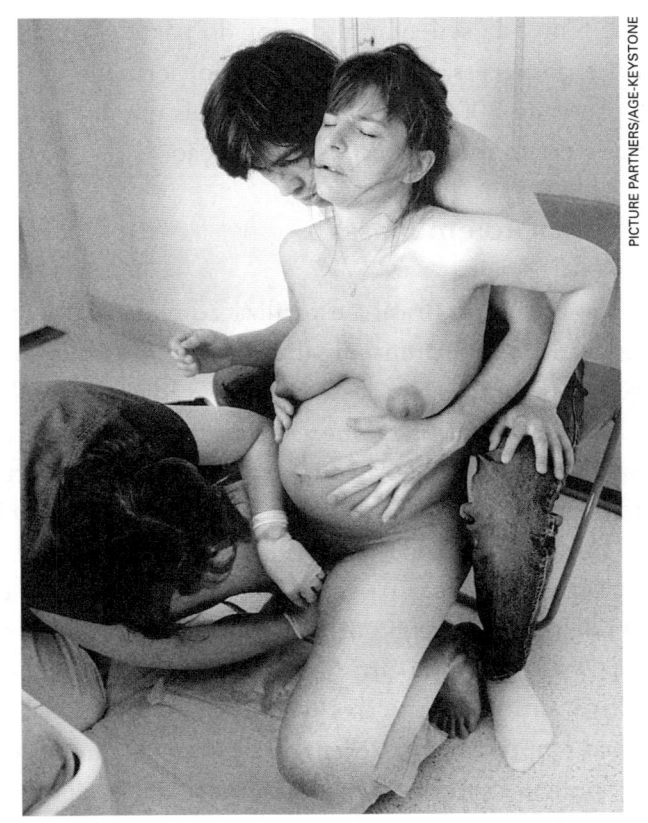

Parto de cócoras. Os exercícios de preparação para esse tipo de parto requerem vários meses, e a participação do companheiro é essencial. A reconquista do parto como acontecimento familiar se opõe à "indústria" das cesáreas, que custam mais e matam muito.

à saúde da mulher. A multiplicação de cesarianas nos trouxe outro recorde, já que a média verificada nos países desenvolvidos é de 12% (um terço da nossa). Segundo o Ministério da Saúde, no Brasil ocorrem 135 óbitos maternos por 100 mil partos, sendo que 90% desses seriam evitáveis por medidas eficientes de assistência à gestação.

Por trás desse descalabro existe uma fraude. Os médicos e os hospitais conveniados com o SUS recebem valores extremamente baixos pelos serviços médicos prestados, sendo que, em 1996, cada parto normal era remunerado com 25% do valor de uma cesariana. Aí está a chave do mistério da multiplicação de cesáreas. Outra explicação é o medo cultural de mulheres, que têm vida sedentária, da dor do parto normal. O resultado dessas cirurgias desnecessárias é um atentado permanente contra a vida das mães. A partir de 2002 foram aprovadas leis que inibem as cesarianas desnecessárias e criam mecanismo de fiscalização.

A esterilização em massa

É prática corrente no Brasil a esterilização massiva das mulheres com ligação ou laqueadura de trompas, realizadas sem informação e sem segurança. Nas regiões Norte e Nordeste estas operações são realizadas geralmente sem consulta prévia às mulheres. Entidades particulares, nacionais e estrangeiras financiam esses procedimentos e os justificam em nome da defesa do meio ambiente, ameaçado pelo crescimento populacional.

Como a Constituição Federal de 1988 garantiu três meses de licença-maternidade, várias empresas passaram a exigir atestado de esterilização ou de ligadura de trompas para contratar trabalhadoras jovens sem risco de pagar a licença. No Rio de Janeiro formou-se uma frente de ecologistas e feministas que garantiu a aprovação e o cumprimento da Lei 1.886/91. Ela proíbe e pune as empresas que fizerem essa exigência imoral, que foi então praticamente abolida. Posteriormente foi aprovada lei federal idêntica, mas nas regiões Nordeste e Norte ela é descumprida.

O Brasil e os países do Terceiro Mundo foram convertidos em laboratório de experimentos de pílulas, vacina, aparatos intrauterinos e outros contraconceptivos. A vacina anticoncepcional subcutânea Norplant provocou uma tragédia: milhares de mulheres brasileiras tiveram sequelas oriundas de sua aplicação.

A articulação ecofeminista elaborou uma salvaguarda original em 1996: a Lei 2.566, que exige o Relatório de Impacto sobre a Saúde da Mulher (Rismu) para cada um desses aparelhos ou vacinas. Eles só podem chegar às farmácias depois de estudados por médicos e pesquisadores, que elaboram relatórios, submetendo-os ao Conselho Estadual da Saúde, onde têm assento universidades e sindicatos. Esse procedimento impedirá que as mulheres brasileiras sejam convertidas em cobaias de experimentos internacionais sem garantia científica de sua eficácia e segurança.

O movimento feminista exige políticas públicas que propiciem o planejamento familiar com ampla informação e apoio às mulheres e às famílias. Os países desenvolvidos, onde as taxas de natalidade caíram substancialmente, não utilizaram métodos repressivos, esterilização massiva ou experimentos de risco, como os que são comuns no Brasil.

População e recursos

Os ecologistas não fundamentam suas ações e propostas nas teses de Malthus (inglês, ministro da Igreja Anglicana, que viveu entre 1766 e 1834). Malthus viu o rápido crescimento da população e da pobreza no início da Revolução Industrial e constatou a ineficiência da conhecida "Lei dos pobres", que determinava um auxílio aos indigentes. Propôs a limitação da natalidade dos indigentes, apresentando um hipotético esquema segundo o qual a população aumentava em progressão geométrica (2, 4, 8, 16, ...) e a produção alimentar, no mesmo período, aumentava em progressão aritmética (2, 4, 6, 8, ...).

A Ecologia Social não trabalha com o conceito de que os recursos naturais são estáticos e fisicamente delimitados. O conceito de recurso é histórico e depende de tecnologias disponíveis e do seu emprego em formações sociais concretas.

A contradição entre populações e recursos deve ser analisada em profundidade, incorporando-se as dimensões histórica, social e tecnológica. A população não é um somatório de pessoas, como objetos homogêneos com o mesmo poder econômico e comportamento idêntico. As pessoas têm comportamentos distintos segundo o acesso das classes sociais aos recursos naturais e segundo o nível cultural e tecnológico de cada contingente populacional que determina suas taxas de natalidade, seus padrões de consumo e de desperdício.

Recursos naturais, atualmente estratégicos, há algum tempo nem sequer eram considerados importantes. A pesquisa científica e o desenvolvimento tecnológico possibilitaram criar milhões de toneladas de alimentos da biotecnologia e gerar milhares de megawatts de energia dos raios de sol.

Por outro lado, recursos valiosos no passado perdem significado econômico, tornando-se obsoletos em relação a outros materiais ou fontes de energia.

Os defensores da esterilização em massa das mulheres em nome do crescimento da renda *per capita* e da preservação dos recursos naturais cometem um erro primário. O Japão tem a mesma população que o Brasil num território do tamanho do Paraná, com renda *per capita* cinco vezes maior do que a nossa e nível de instrução médio oito vezes superior. A distribuição de renda no Brasil é seis vezes mais concentrada e desigual do que a do Japão. Lá se recicla tudo, o investimento em pesquisa e tecnologia é prioritário, e empresas mantêm seus empregados durante toda a sua vida produtiva. Esse exemplo prova que a questão população *versus* recursos não é matemática, e sim qualitativa. Ela é determinada mais por questões sociais e culturais do que por variáveis exclusivamente geográficas ou demográficas.

Regiões que perdem população por meio de migrações, como o Nordeste, não estão condenadas a esse destino, que não é uma fatalidade imposta pelas condições climáticas. A questão é saber se os recursos, as terras e a água estão democraticamente repartidos e se as populações pobres, que empreendem o êxodo, têm acesso à educação e à tecnologia. A seca não é um castigo dos céus, mas foi agravada pelo desmatamento e pela monocultura.

Com irrigação e tecnologia, Israel transformou desertos inóspitos em áreas produtivas, povoadas, plantadas com pomares e que atraem populações em vez de expulsá-las. No Brasil, inclusive no Nordeste, há experiências localizadas com essas características, mas por razões políticas elas mantêm-se restritas. Por quê? Por um lado, essas experiências demandam recursos, que são disputados pelos usineiros, fazendeiros e exportadores que dispõem de fortes bancadas no Congresso Nacional. Por outro, os modelos político-econômicos extemporâneos que vigoram no interior do país dependem da existência dessa massa de despossuídos que necessita de tudo e trabalha por qualquer preço.

O que é uma política de população equilibrada e democrática? Em momentos econômicos e políticos distintos, os países adotaram diferentes políticas populacionais. Além de convicções culturais e dogmas religiosos, os governos optam por políticas natalistas — de estímulo à natalidade —,

Pau-de-arara com migrantes nordestinos, 1976. As migrações em massa desarticulam as famílias e a produção nas regiões de partida, gerando oferta de mão de obra abundante e barata nas regiões de chegada. Ampliam-se os desequilíbrios regionais.

quando estão em crescimento, expandindo a ocupação de fronteiras agrícolas, ou por políticas militaristas e expansionistas. Há várias formas de estimular o crescimento das famílias, como os salários-família e a redução de impostos e taxas para famílias numerosas. As políticas pró-natalidade decorrem também do envelhecimento da população (com o aumento da expectativa de vida) e do declínio da natalidade nas famílias, como sucedeu na Europa a partir da década de 1970.

Na França e na Alemanha, o crescimento vegetativo da população tornou-se negativo: nasceram menos pessoas do que as que morreram a cada ano. A longevidade aumentou e há grande número de pessoas com mais de 80 anos. O perfil da pirâmide etária se estreitou na base e se alargou no vértice. Os casais frequentemente têm um só filho para garantir-lhe acesso ao melhor estudo, aos cursos de música, aos computadores e às frequentes inovações. A oferta de imóveis espaçosos para famílias numerosas em Paris praticamente inexiste. O governo incentivou a natalidade cadastrando as famílias com mais de três filhos, que pagam menos pelo ingresso ao cinema e pelo bilhete do metrô.

Esses governos incentivaram, até a década de 1980, a imigração de trabalhadores do norte da África e dos países mais pobres da Europa que se dispusessem a realizar trabalhos que os franceses não queriam, como limpeza das ruas, construção civil e atividades funerárias. Houve uma política dirigida às embaixadas desses países durante duas décadas (1960-1980) que levou à França e à Alemanha 1,5 milhão de portugueses, 1,8 milhão de espanhóis, 2 milhões de argelinos, 1 milhão de marroquinos, 500 mil turcos, 300 mil gregos, entre outros.

Nacionalismos e fascismos

A nova onda tecnológica originada na informática e na robótica, bem como a internacionalização das empresas, que passaram a instalar unidades em países do Terceiro Mundo com mão de obra mais barata, produziram uma massiva redução de postos de trabalho na Europa. Por sua vez, a reprodução das famílias de trabalhadores imigrantes se verificou num ritmo maior do que o dos alemães e franceses.

Os imigrantes atraídos por políticas oficiais começaram a incomodar; a expulsão deles serviu de bandeira política aos movimentos neofascistas de extrema direita, como o comandado por Le Pen, na França — um dos seus lemas era "Fora imigrantes, a França aos franceses". Tanto na França quanto na Alemanha, centenas de albergues de trabalhadores imigrados foram incendiados por militantes desses movimentos. Os braços estrangeiros que foram trazidos para limpar as latrinas dos hospitais, revolver, com esterco, os jardins iluminados e lavar os cadáveres da civilização das luzes transformaram-se em novos bodes expiatórios da crise econômica e do desemprego.

Como sucede frequentemente na história, o ódio despertado canalizou diversas frustrações e antigos preconceitos, até mesmo o antissemitismo. As pensões incendiadas com famílias turcas e nigerianas revezaram-se com os cemitérios judeus profanados na França, na Áustria e na Alemanha. Trata-se de uma combinação perversa entre políticas de imigração, crise de desemprego e pregações ultranacionalistas imbuídas de violência racial, que constituem ameaça à cidadania e à liberdade.

A influência do neofascismo no Brasil felizmente é débil. Causam apreensão, no entanto, os ataques que se sucederam às rádios nordestinas em São Paulo, ao movimento negro, às bibliotecas judaicas no Rio de Janeiro, aos meninos de rua e aos homossexuais. Esses casos esparsos, mas significativos, são tratados de forma omissa pelas elites pensantes. Há que plantar democracia e cidadania, combater a recessão e a ignorância para derrotar as manifestações de atraso cultural e de preconceito que se nutrem da exclusão e semeiam a barbárie.

Mulher, controle, informação e liberdade

Regimes imperialistas praticaram políticas de crescimento populacional para municiar seus exércitos e planos de expansão territorial. A Alemanha nazista (1938-1945) decidiu multiplicar a raça ariana, pretensamente superior, e eliminar os não arianos em câmaras de gás nos campos de concentração. Em outubro de 1939, Himmler (um dos principais ideólogos do regime nazista) criou, perto de Munique, o Instituto do Casamento Racial, no qual jovens alemãs selecionadas por suas qualidades físicas, raciais e reprodutoras "recebiam", para procriação, os oficiais dos batalhões de elite antes da partida desses para as frentes de batalha. Mengele (outro importante ideólogo nazista, responsável por experiências de purificação da raça ariana) utilizou prisioneiros dos campos de concentração para pesquisas que determinavam métodos de geração de gêmeos e trigêmeos. Os resultados foram utilizados para acelerar a reprodução da "raça pura".

Na década de 1960, a China orientava-se pela política de superioridade demográfica. Os delegados chineses na Conferência de Bucareste, em 1974, rejeitaram as recomendações de controle da natalidade, afirmando que "o ser humano é o que há de mais precioso" e que "o futuro da humanidade pode ser infinitamente radiante".

Esse otimismo era fundamentado na concepção de que o desenvolvimento socialista dependia da oferta crescente da força de trabalho, condição para a afirmação da China como potência mundial. Uma década depois, numa reviravolta, a China optou por uma das políticas demográficas mais coercitivas e autoritárias que se conhece, limitando as famílias a um único filho, estabelecendo penas ao descumprimento dessa norma em julgamentos públicos infamantes e promovendo campanhas de estímulo à delação de casais desobedientes. Houve um crescimento sem precedentes do infanticídio feminino, quando o primeiro filho (o único legal) não era menino.

Os exemplos extremos da Alemanha nazista e da China comunista mostram que a discussão das políticas de população deve ser ampla, sem a simplificação que opõe contrários e favoráveis ao controle da natalidade.

As políticas natalistas são incentivadas por razões nacionalistas e religiosas e em países de baixa densidade demográfica. Elas contemplam o incentivo ao casamento, às famílias numerosas, à imigração, à proibição do aborto e da contracepção.

No polo oposto, as políticas demográficas de contenção do crescimento populacional decorrem de crises alimentares e econômicas, da baixa capacidade de investimento e de geração de empregos ou da pressão política sobre as grandes propriedades de terra e sobre os órgãos governamentais responsáveis por políticas públicas (habitação, emprego, assistência). As medidas adotadas incluem a proibição de imigrações, o estabelecimento de idades mínimas para os casamentos, a liberação do aborto e da contracepção e o controle da natalidade por métodos que variam do planejamento familiar à esterilização em massa, feminina e masculina.

A Índia, entre 1970 e 1976, executou a vasectomia (esterilização masculina; fechamento do vaso de acesso dos espermatozóides) compulsória em 18 milhões de homens, com resultados catastróficos, como infecções, sequelas e revoltas.

Os demógrafos e sociólogos consistentes e as feministas concordam em que os principais redutores da fecundidade são a elevação da qualidade de vida, a urbanização democrática, a distribuição da terra e da renda e o amplo acesso à informação e aos métodos de planejamento familiar. Foram esses fatores os responsáveis pela queda da natalidade dos países desenvolvidos.

No Brasil, a esterilização em massa de mulheres pobres foi promovida por governos regionais, organizações estrangeiras e políticos que trocam o voto pela ligadura de trompas. O resultado foi a taxa de esterilização em mulheres entre 20 e 40 anos da ordem de 60% nas regiões Norte e Nordeste. Feministas e ecologistas realizaram manifestações contra a esterilização compulsória de mulheres pobres e desinformadas. Vários estados proibiram a exigência de atestados de esterilização para contratos de trabalho e a realização de testes de urina para detecção da gravidez, em vistas à demissão e ao não pagamento da licença-maternidade.

Houve uma radical mudança no nosso quadro migratório. O Brasil, que sempre atraiu milhões de imigrantes de todo o mundo, em levas sucessivas de portugueses, italianos, japoneses e alemães, converteu-se, recentemente, em exportador de força de trabalho. Em 2004, havia 3,5 milhões de brasileiros vivendo fora do país, sobretudo nos Estados Unidos, na Europa ocidental e em países da América do Sul.

No nosso país não sobram pessoas, faltam reforma agrária, investimentos produtivos e redução da jornada de trabalho. Também escasseiam informação, direitos e liberdades. Os dados do IBGE mostram que as taxas de crescimento demográfico caíram mais rapidamente do que se imaginava. Passamos de taxas de crescimento de 3,5% ao ano, há três décadas, para taxas da ordem de 1,5% ao ano, em 2003. Em 1970, o número médio de filhos por mulher era de 5,76. Em 1980, a média caiu para 4,36. A Pesquisa Nacional por Amostragem de Domicílio (PNAD) de 1995 revelou o índice de 2,52 filhos por mulher. A PNAD de 2003 apontou média de primeiro mundo: 2,2 filhos por mulher. O fantasma da explosão demográfica evaporou. O PNAD de 2003 registrou taxa de natalidade das populações pobres e faveladas duas vezes maior do que a das famílias de maior renda. Esse comportamento realmente alimenta a exclusão e a violência, e exige políticas mais contundentes de qualificação, empregos, habitação e disponibilidade de métodos de planejamento familiar.

Feministas e ecologistas não partilham do conservadorismo de Malthus, que propôs a esterilização dos pobres. Ao contrário, propõem a ampliação da liberdade de ter ou deixar de ter filhos, de acordo com a decisão do casal, que em qualquer dos casos deve contar com o máximo de informação e de apoio material da sociedade.

O controle planejado e consciente da natalidade deve dispor de métodos seguros, testados, com procedimentos conhecidos pelas famílias. A concepção dos filhos tem de contar com apoio pré-natal, assistência pós-parto e condições para que as mães pratiquem, por longos meses, o aleitamento materno, procedimento saudável que reforça as defesas do bebê.

Os ecologistas defendem todas as formas de vida, mas não compactuam com a hipocrisia oficial que trata como criminosas as mulheres que praticam o aborto. Disso resultam 100 mil mortes anuais de mulheres pobres nos 2 milhões de abortos clandestinos realizados no país exatamente por falta de apoio e de informação. As mulheres não têm apoio da rede pública de saúde sequer nos casos de aborto legal, garantido quando a mulher é vítima de estupro ou quando a gravidez oferece risco de vida para a mãe, previstos no Código Penal há 50 anos.

O aborto não é solução para nada e constitui uma experiência traumática e deprimente do ponto de vista físico e psicológico. Ele tem de ser evitado com alternativas preventivas e práticas eficazes, e não enviando as mulheres que o fazem para a prisão. Isso, aliás, seria impossível: o sistema penitenciário abriga 230 mil presos com superlotação, fugas, tráfico, além de estar falido. Não recupera nem ressocializa ninguém e constitui autêntica universidade do crime.

As mulheres ampliam seus direitos, lutando contra os preconceitos, contra a violência sexual e contra as políticas públicas atrasadas. Falta ainda longo caminho a percorrer, que depende tanto das mulheres quanto dos homens conscientes. Cidadania que não é para todos é como se não existisse para ninguém.

7. Ecologia do trabalho

A ECOLOGIA QUE NÃO CHEGA À DESPOLUIÇÃO DAS FÁBRICAS É SUPERFICIAL E LIMITADA. A LUTA POR TECNOLOGIAS LIMPAS DEFENDE A SAÚDE DOS TRABALHADORES, COMBATE A CONTAMINAÇÃO DO LIXO QUÍMICO E PRESERVA OS RECURSOS HÍDRICOS. TRATA-SE DE UM GRANDE DESAFIO QUE EXIGE CONSCIÊNCIA E AMPLA ARTICULAÇÃO SOCIAL.

A contaminação nas fábricas

A poluição afeta a todos, ricos e pobres, com o efeito estufa e o buraco na camada de ozônio. Mas a poluição cotidiana afeta mais duramente os trabalhadores, que, intoxicados e ensurdecidos nos seus locais de trabalho, sob o efeito da poluição térmica das elevadas temperaturas dos altos-fornos, perdem a cada semana parte de sua capacidade pulmonar por causa dos gases químicos, do pó da sílica e do asbesto.

Os trabalhadores são expostos aos impactos de processos de produção sobre os quais não detêm qualquer controle e cuja duração, cadência e intensidade são determinadas pela maximização dos lucros. O sistema nervoso dos operários é danificado por jornadas desgastantes em ambientes insalubres, por noites insones de horas extras e pelo estresse, agravado com a ameaça de desemprego.

Os empregados de serviços informatizados são vítimas da lesão por esforços repetitivos (LER), que danifica músculos, articulações e coluna, provocando bursites, tendinites e tenossinuvites. Os telefônicos, bancários, jornalistas e digitadores são algumas das principais vítimas da LER.

O uso irracional de agrotóxicos agride os trabalhadores rurais, camponeses e boias-frias, que morrem por contaminação de produtos proibidos nos países de origem das multinacionais que os comercializam no Brasil. Os lençóis freáticos e os poços artesianos são envenenados, atingindo seus filhos e suas mulheres. Em São Paulo e no Paraná, segundo a Confederação Nacional dos Trabalhadores na Agricultura (Contag), 20% da força de trabalho rural foi contaminada por agrotóxicos, cujo mercado movimenta anualmente 4 bilhões de reais.

O óleo derramado nos mares tira dos pescadores e de suas famílias o trabalho e o alimento. A poluição química interrompe o ciclo da cadeia alimentar e impede a reprodução dos cardumes. Os seringueiros e castanheiros são desterrados e transformados em imigrantes crônicos, em busca de seu país, quando as motosserras e os correntões convertem a floresta em pasto.

Em torno das empresas poluidoras vivem os trabalhadores e suas famílias, que respiram os gases venenosos lançados das chaminés das indústrias. Aí são despejados os efluentes industriais sem tratamento. Nessas periferias, é enterrado o lixo químico industrial, em vazadouros clandestinos sem impermeabilização. São autênticos cemitérios de metais pesados, ascarel, sais de cianeto e hexaclorobenzeno (C_6Cl_6), que constituem bombas antiéticas para as gerações atuais e futuras.

O epidemiologista George Knox, da Universidade de Birmingham, demonstrou que as crianças que vivem perto das indústrias poluidoras têm 20% mais chance de contrair doenças e 12% a mais de possibilidade de morrer precocemente do que as crianças que vivem em ambientes saudáveis. As principais causadoras dessa diminuição da expectativa de saúde e de vida, segundo a pesquisa, são as fábricas que produzem substâncias químicas voláteis e as que usam combustão em alta temperatura, como refinarias, fábricas de automóveis e usinas termoelétricas.

A classe trabalhadora brasileira ainda luta pelo adicional de insalubridade e de periculosidade: 25% de acréscimo salarial para compensar o envenenamento diário e o envelhecimento precoce. É a venda dos pulmões em suaves prestações mensais.

As Comissões Internas de Prevenção de Acidentes (Cipas) operam com o conceito de "acidente de trabalho *stricto senso*" — dedos cortados, narizes quebrados, queda de andaimes. Propõem normas de prevenção de acidentes e o uso de equipamentos de proteção coletiva (EPCs), como redes e alarmes, e de equipamentos de proteção individual (EPIs), como máscaras. A maioria das Cipas não atua sobre os ambientes de trabalho e sobre as áreas em torno das fábricas que recebem poluição por terra, água e ar, onde se verifica uma segunda jornada de contaminação.

Existem diversas formas de produzir: métodos, substâncias, equipamentos, fluxos produtivos. A escolha dos processos e instrumentos de produção dá-se em função da maximização da produtividade e da minimização dos custos. Ecologistas e sindicalistas elaboraram outra lógica, a da Ecologia do Trabalho, segundo a qual esse conjunto de opções tecnológicas deve ter como parâmetro a redução dos impactos no ambiente de trabalho, no seu entorno e na saúde dos trabalhadores. O conjunto desses procedimentos define o conceito de "despoluição da produção".

Os trabalhadores, os sindicatos e as comissões de empresa devem ser periodicamente informados sobre os resultados das análises da poluição industrial, das medições feitas no ambiente de trabalho e dos exames clínicos realizados nos operários expostos. Os sindicatos devem ter corpo técnico e convênios firmados com universidades e fundações para inteirar-se de procedimentos e tecnologias alternativos para a produção industrial e o tratamento de efluentes e rejeitos. Essas questões começaram a fazer parte dos acordos coletivos de trabalho.

Quando associações de moradores e entidades ecológicas protestavam contra a fumaça, o barulho ou o mau cheiro das fábricas, o patronato, para se furtar dos investimentos necessários, ameaçava fechar a empresa, lançando trabalhadores contra moradores. Isso aconteceu nas fábricas de sardinha de Niterói, na Panamericana (fábrica de cloro na zona norte do Rio de Janeiro), na Ingá Mercantil (fábrica de zinco em Itaguaí, RJ), nas empresas de Cubatão (São Paulo), em fábricas de fibrocimento que trabalham com amianto (em São Paulo), nos estaleiros navais, no Curtume Carioca (zona norte do Rio de Janeiro) e na I. F. Fragrâncias (fábrica de essências na Pavuna, RJ), que exalava cheiro tão forte que os moradores não conseguiam dormir.

Manifestação do Greenpeace diante do CNA (Conselho Nacional de Agricultura) em protesto contra as mudanças no código florestal brasileiro, que aumentam a área de desmatamento no cerrado.

O drama ambiental no Brasil funde-se com o drama social de múltiplas e perversas formas, resultando em doenças, no êxodo, no desemprego sazonal, no empobrecimento e na submissão dos trabalhadores. Esses processos são provocados pelas queimadas, pelo desmatamento, pelo avanço da monocultura, pela desertificação e pela destruição dos ecossistemas. O conflito intencionalmente provocado entre ambientalistas e trabalhadores sob a ameaça de demissão é um exemplo de perversidade, por causa das consequências do desemprego no Brasil, o qual frequentemente implica a miséria, o alcoolismo e a perda da autoestima por parte do trabalhador demitido.

Nos primeiros protestos contra empresas poluidoras que agrediam praias ou lagoas, os ambientalistas viam a fábrica como um ser impenetrável e pernicioso, tal qual um dragão que soltava fogo pelas ventas. Eles pouco sabiam dos sistemas tecnológicos utilizados e não percebiam que lá trabalhavam pessoas que poderiam ser seus principais aliados: constituíam o grupo mais afetado pela poluição e detinham conhecimento da produção, dos sistemas de controle e dos locais onde se despejava o lixo químico.

Os trabalhadores limitavam-se às demandas de caráter econômico e trabalhista, sem incluir o controle ou a substituição de substâncias e tecnologias ultrapassadas, proibidas em diversos países.

A área científica universitária direcionava sua produção para teses e pesquisas desenvolvidas no circuito acadêmico, numa prática autocentrada. Várias dessas pesquisas resultaram em tecnologias menos agressivas à saúde e ao meio ambiente, foram publicadas em revistas internacionais, mas desconhecidas dos sindicalistas e ecologistas.

O desafio da despoluição da produção é criar vasos comunicantes entre ambientalistas, trabalhadores e cientistas numa aliança capaz de transformar os sistemas tecnológicos.

Nos últimos anos, criaram-se marcos de referência para avanços necessários e uma interlocução com setores empresariais dispostos a mudar. Órgãos financiadores de pesquisa, como o Conselho Nacional de Desenvolvimento Científico e Tecnológico (CNPq) e a Financiadora de Estudos e Projetos (Finep), devem incorporar critérios de minimização dos impactos negativos sociais e ambientais para a atribuição dos recursos para a investigação.

Nos Estados Unidos, na década de 1990, e no Brasil, a partir de 2000, foi criado o movimento pela Justiça Ambiental, que critica fortemente a desigualdade e o racismo da poluição, que atinge sobretudo os povos do Terceiro Mundo, as nações indígenas e as populações de baixo poder econômico e sem influência política.

Conheça alguns exemplos instrutivos das conquistas da Ecologia do Trabalho.

Jateamento de areia e silicose nos estaleiros navais

Concentra-se no Rio de Janeiro 85% da indústria de construção e reparação naval. Seiscentos e oitenta operários dos estaleiros contraíram silicose (doença mortal que afeta os pulmões), causada pelo jateamento de areia utilizado para limpeza e preparação dos cascos dos navios e das chapas para montagem e pintura.

A areia jateada com grande pressão fragmenta-se em invisíveis cristais de sílica, que penetram e se acumulam nos pulmões dos jatistas, pintores, carregadores, mecânicos e serralheiros que inalam essa nuvem brilhante e mortal. A sílica provoca fibroses nos alvéolos, diminui o papel de fole exercido pelo pulmão, causa insuficiência respiratória e mata em 12 a 20 anos de exposição. Os operários dão à silicose um nome cruel: pulmão de pedra.

A primeira etapa da luta do sindicato dos metalúrgicos de Niterói e São Gonçalo (RJ) foi provar que a silicose era silicose. Pressionados pelos donos dos estaleiros, os médicos patronais diagnosticavam bronquite, tabagismo, problemas respiratórios, tuberculose, mas nunca silicose. O objetivo era desvincular a doença do processo de trabalho, evitando responsabilidades.

O sindicato buscou os médicos do Hospital Antônio Pedro, da UFF, e os metalúrgicos fizeram doações de sangue em troca dos exames de detecção da doença. Professores da UFRJ defenderam teses de mestrado e doutorado sobre a silicose nos estaleiros, demonstrando que 680 trabalhadores na ativa, aposentados ou mortos a contraíram.

O patronato atribuía o problema à não utilização de máscaras. A equipe do Hospital Antônio Pedro detectou silicose em crianças da Ilha da Conceição (Baía de Guanabara) e em marinheiros da base da Marinha próxima, que ficava na direção do vento que transportava os leves cristais de sílica. Foi derrubada a tese do "uso seguro" do jato de areia.

O sindicato dos metalúrgicos de Niterói, por meio de seu presidente, Amauri Paccielo, procurou a Comissão de Ciência e Tecnologia (CCT) da Assembleia Legislativa para viabilizar alternativas. Foi realizada audiência pública com pesquisadores da engenharia naval e de produção da UFRJ, que mostraram como a Agência de Proteção Ambiental dos Estados Unidos (EPA) havia licenciado nove tecnologias alternativas para o jato de areia, entre as quais hidrojateamento, grenalha de ferro; escória de cobre, bauxita, casca de castanha e de nozes.

O apoio da opinião pública foi conquistado com a revelação dessa realidade, das alternativas existentes e com entradas de surpresa nos estaleiros, onde os operários exibiram radiografias de seus pulmões para televisões e jornais. Foi, então, aprovada a Lei 1.979/92, que aboliu a silicose dos estaleiros e das refinarias.

Para viabilizar seu cumprimento, outra lei foi aprovada, diminuindo a carga fiscal das empresas que investissem em tecnologias de defesa da saúde e do meio ambiente. Nesse caso o Imposto sobre Circulação de Mercadorias e Serviços (ICMS) foi reduzido de 24% para 8%. As pressões foram intensificadas em assembleias, e no Estaleiro Mauá houve uma greve pelo fim da silicose e do jato de areia, finalmente banido do Rio de Janeiro. A partir de 2003, viabilizada pela modernização e pela ampliação da produção do petróleo, triplicaram os investimentos e o emprego nos estaleiros navais.

Bastamianto

No início do século XX, na Inglaterra, uma misteriosa série de mortes e doenças abateu-se sobre os mineiros que trabalhavam nas minas de asbesto, atingindo igualmente suas mulheres. Trinta anos mais tarde, estudos científicos demonstraram que a origem dessa doença letal era o pó do asbesto (ou amianto) e o hábito de as mulheres sacudirem o sobretudo de seus maridos antes de pendurá-lo nos cabides. Inspiravam diariamente o pó mineral acumulado nos casacos e contraíram mesotelioma ou asbestose.

O mesotelioma é um tumor no pulmão que pode ser contraído com um número ínfimo de partículas inaladas. A asbestose é uma doença pulmonar semelhante à silicose, provocada pelo pó do asbesto. É cumulativa e fatal para os operários expostos a essa substância por mais de 10 ou 15 anos. A mais célebre vítima do amianto foi Steve MacQueen, que contraiu mesotelioma quando trabalhava numa refinaria, morrendo dessa doença depois de consagrado como ator e campeão de motociclismo.

"Bastamianto" foi o lema da campanha dos sindicatos e ecologistas italianos pela substituição do asbesto-amianto em seu país. Em junho de 1996, a França foi o 29º país a banir o uso do asbesto-amianto e a determinar sua substituição nas divisórias dos prédios públicos e das universidades.

O asbesto é um mineral com propriedades que viabilizam seu uso em numerosos produtos. É fibroso, liga-se bem com o cimento e resiste a altas temperaturas. Os produtos de fibrocimento (amianto) dominaram o mercado de caixas-d'água, tetos pré-fabricados, divisórias, luvas, capas de bombeiros e materiais isolantes ou de fricção. Há cerca de cem produtos que contêm amianto na construção civil e na indústria automobilística, como as lonas de freio e as juntas do motor. As refinarias usaram o asbesto como isolante nos dutos de petróleo.

A principal mina em atividade no Brasil fica em Minaçu, Goiás, onde contraíram asbestose ou mesotelioma 30% dos mineiros. A seguir, os mais atingidos são os operários das indústrias de fibrocimento, como Eternit, Brasilit, Sana e Eterbrás. Eles misturam sacos de cimento com sacos de amianto em pó para a confecção de tranças e placas de fibrocimento. A poeira em suspensão permanece no ambiente e mesmo com o uso de máscaras é inalada pelo trabalhador quando a proteção é retirada. Famílias e crianças da área em torno dessas fábricas contraem doenças respiratórias que podem ser fatais.

Os trabalhadores dos estaleiros inalam o pó e contraem a doença quando serram as placas de amianto para as divisórias dos navios. Esse material prevenia incêndios nas embarcações, mas tal uso praticamente acabou por causa da pressão internacional para a abolição do amianto nos portos.

Trabalhadores da manutenção do metrô contraíram asbestose e mesotelioma lidando com discos de freio que continham asbesto. Após quatro anos de luta do sindicato dos metroviários e da área da saúde, estas peças foram substituídas por discos de fibras minerais e sintéticas. O metrô — tatu ecológico do Rio de Janeiro — está livre do asbesto.

A Refinaria Duque de Caxias (Reduc), da Petrobras, utilizava uma liga de amianto para revestimento de tubulações de petróleo. A pressão conjunta de ambientalistas e do sindicato dos petroleiros resultou na substituição desse material e na norma interna nacional determinando o fim do amianto na Petrobras.

Os substitutos do asbesto-amianto são materiais fibrosos de origem mineral, vegetal ou sintética. No Brasil, o melhor substituto mineral é a mica, da qual somos o terceiro produtor mundial. A alternativa vegetal são fibras como o sisal e o bagaço da cana, este último subutilizado no Brasil. A UFF desenvolveu em laboratórios telhas e tijolos com argila e bagaço da cana. O Centro Tecnológico da Pontifícia Universidade Católica (PUC) testou com sucesso argamassa armada com bambu.

Dos nove tipos de bambu testados em aparelhos de alta precisão da PUC, três apresentaram resistência superior à do aço. Os palácios de Taj Mahal foram erguidos sobre fundações de bambu, que é a melhor solução ecológica de contenção de encostas: suas raízes se estendem por 1.200 metros. Compostos sintéticos de polietileno (derivado do petróleo) são eficazes substitutos para vários usos do amianto.

As leis que determinaram a progressiva substituição do asbesto-amianto enfrentaram poderoso *lobby* comandado pela multinacional francesa Saint-Gobain, que era a dona da mina de asbesto de Minaçu e que opera no setor de vidros. Conhecendo a tendência global do banimento, associou-se a empresas como Eternit, Brasilit e Eterbrás. Para essas, a substituição do amianto não seria grave, como sucedeu em dezenas de países. Depois da associação, essas empresas, coordenadas pela Associação Brasileira do Amianto (Abra), integraram o *lobby* segundo o ponto de vista da dona da mina. Esse *lobby* controlou o sindicato dos trabalhadores da indústria de fibrocimento com a ameaça de fechamento de empresas e fez com que o sindicato adotasse o discurso patronal do "uso seguro do amianto", no lugar da substituição progressiva.

Desde o fim da década de 1980, os carros exportados não contêm amianto, por exigência dos Estados Unidos, do Japão e da Europa. Os automóveis para o mercado interno ainda o utilizam nas lonas de freio e juntas de motor. Essa dualidade é exemplificada por empresas como a Lonaflex (SP) e a Fraslee (RS), que fabricam lonas de freio sem amianto para os carros exportados e com amianto para os que circularão no país.

Os metalúrgicos das montadoras de São Paulo, alertados por ambientalistas e técnicos, forçaram uma ação conjunta da Central Única dos Trabalhadores (CUT) e da Força Sindical. Houve negociações entre as montadoras, as centrais sindicais e o governo, e a partir de 2005, caso os acordos sejam respeitados, os carros nacionais estarão livres do amianto. Por decisão da União Europeia, que baniu o amianto, a Saint-Gobain vendeu sua participação na mina de Minaçu.

Mercúrio

Com a tragédia da Baía de Minamata, no Japão, o mundo acordou para o risco da intoxicação por mercúrio: a cadeia alimentar contaminada, gatos se atirando dos telhados, pássaros voando em círculos e chocando-se com os prédios, pessoas morrendo ou transmitindo deformações genéticas aos filhos.

O mercúrio é usado nos garimpos da Amazônia, do rio Paraíba e de Minas Gerais. Em Rondônia, no Amazonas e no Pará há rios contaminados, atingindo os povos indígenas. Durante a Conferência Rio-92, cientistas japoneses detectaram nos rios Madeira e Tapajós concentrações de mercúrio superiores às encontradas na Baía de Minamata há 40 anos. A mortandade de peixes e as doenças raras entre os índios já haviam sido denunciadas, e em 1992 as conexões foram demonstradas.

Há 500 mil garimpeiros no Brasil que utilizam o mercúrio para agregar as partículas de ouro. Usam o fogo para ligar o metal, e o mercúrio se evapora. O primeiro contaminado é o próprio garimpeiro: em Rondônia, 30% deles foram intoxicados. O mercúrio depois de evaporado se precipita, contaminando terras, rios e lençóis freáticos.

A proibição do uso do mercúrio em garimpos foi decretada, mas nunca cumprida. A Universidade Federal de Minas Gerais (UFMG) desenvolveu uma retorta, semelhante a um microalambique, cuja operação processa-se em circuito fechado e 95% do mercúrio ficam retidos e não atingem o meio ambiente. O ideal é a substituição do mercúrio, mas essa solução pode diminuir 95% do impacto. A retorta é simples e, uma vez que propicia economia, ela poderá ser adotada de forma paliativa, desde que haja informação e financiamento. A ex-ministra do Meio Ambiente, Marina Silva, determinou a fiscalização rigorosa dos garimpos; estes foram proibidos nas cercanias de áreas indígenas e dos mananciais de abastecimento.

A Panamericana — fábrica de cloro e soda — foi instalada em Honório Gurgel, zona norte do Rio de Janeiro, na década de 1950, quando os empresários trouxeram da Itália essa fábrica de segunda mão que separava o cloreto de sódio na eletrólise por meio de células de mercúrio. Os anos se passaram e em torno dessa e de fábricas vizinhas cresceram bairros operários.

O cloro é uma substância volátil e inflamável cujos vazamentos podem matar milhares de pessoas. Há 20 anos nenhum país desenvolvido permite a instalação de complexo cloroquímico próximo de áreas densamente povoadas.

Na década de 1980, o sindicato dos trabalhadores da indústria química mobilizou-se contra o permanente cheiro de cloro que afetava suas famílias e as doenças do sistema nervoso, que suspeitavam ter origem na exposição ao mercúrio. Com a Fundação Osvaldo Cruz (Fiocruz) e o Programa Estadual de Saúde do Trabalhador (Proest), viabilizaram as análises dos cabelos e da urina dos trabalhadores expostos. Resultado: 52 estavam contaminados.

O sindicato procurou a Comissão de Ciência e Tecnologia (CCT) da Alerj para a substituição do mercúrio, e o Instituto de Química da UFRJ para conhecer as tecnologias alternativas utilizadas nos países desenvolvidos e a viabilidade delas.

Em 1992 foi assinado o Pacto do Mercúrio, discutido durante oito meses pelos signatários: empresa, sindicato, CCT, secretarias de estado de saúde e de meio ambiente e Proest. O documento tem duas partes. Na primeira, constam setenta medidas de controle dos efluentes industriais para a Baía de Guanabara, de melhoria do ambiente de trabalho, incluindo troca do piso e sistema de exaustão do ambiente externo, com monitoramento do cloro, portas automáticas e cilindros lacrados. A segunda parte trata da construção de nova unidade com células de membrana, tecnologia mais eficiente, sem mercúrio e que poupa energia. A Lei 2.436/95 proibiu a instalação de novas fábricas que utilizassem o mercúrio e estabeleceu prazo até 1998 para a conversão das unidades existentes. Somente em 2002 houve a substituição da eletrólise de mercúrio; a economia anual de energia superou 1 milhão de quilowatts.

Chumbo e benzeno

A retirada do chumbo tetraetila da gasolina do Rio de Janeiro fez do Brasil o terceiro país do mundo livre de chumbo. A articulação dos ecologistas com a Coppe-UFRJ, por meio do seu diretor Luís Pinguelli Rosa, e com o sindicato dos petroleiros, viabilizou o Pacto do Ar Limpo, assinado antes da Rio-92 e que permitiu que os novos carros, saídos das montadoras com catalisadores antipoluição, pudessem circular no Rio de Janeiro, pois a gasolina com chumbo destrói o catalisador em três enchidas de tanque.

A refinaria de Manguinhos mudou de atitude e realizou investimentos com tecnologia moderna do Instituto Francês do Petróleo. Ela foi além da retirada do chumbo, que agredia o sistema nervoso dos trabalhadores, e incluiu a dessulfurização dos óleos.

Refinaria de petróleo. A retirada do chumbo tetraetila da gasolina foi um avanço, e o início da retirada do enxofre do óleo diesel é promissor. Falta avançar no controle do benzeno e das emissões atmosféricas que agravam o efeito estufa.

Na Companhia Siderúrgica Nacional (CSN), a exposição ao benzeno provocou a leucopenia em quinhentos operários. Essa doença é diagnosticada pela queda dos glóbulos brancos, base da defesa imunológica. O organismo fica vulnerável a doenças como a leucemia (câncer do sangue).

A CSN é a principal responsável pela poluição das águas do rio Paraíba com benzopireno (substância cancerígena derivada da queima de carvão), que provocou o aparecimento de peixes com câncer e deformados por mutações.

Nos altos-fornos, na coqueria e na aciaria, nuvens pretas, cinzas e amareladas moldam um quadro em que corpos e rostos, como que saídos de fotografias de Sebastião Salgado (fotógrafo brasileiro internacionalmente premiado), derretem-se sob temperaturas superiores a 80°C, expostos a um coquetel de benzeno, tolueno e gases de coque.

Vistoria conjunta da Proest, da Fiocruz e do sindicato dos médicos constatou que a maior parte dos operários dos setores insalubres era contratada por empreiteiras, prestadoras de serviços à CSN, assim como vários jateadores de areia dos estaleiros eram empregados por subempreiteiras. Na Panamericana, vários operários da eletrólise estavam terceirizados.

Os operários das empreiteiras são menos combativos e poucos deles são sindicalizados, já que estão sujeitos a forte rotatividade. O controle de saúde é raro e fica difícil atribuir as causas de doença e óbito a uma empresa específica. Os boias-frias industriais trabalham alguns meses num estaleiro, outros em siderúrgicas e refinarias, expostos a tantos agentes agressivos que é difícil provar qual é o responsável pela doença.

Ações judiciais dos Defensores da Terra, do sindicato dos metalúrgicos e da prefeitura de Volta Redonda obrigaram a CSN a assinar o compromisso de instalação de portas herméticas de diafragmas e outras medidas para eliminar a exposição ao benzeno.

Biólogos constataram que por causa da chuva ácida no parque nacional de Itatiaia, originada das emissões de SO_2 da CSN, um sapo típico da região passou a se enterrar para fugir da acidez das águas pluviais.

Uma pesquisa sobre a qualidade da água e dos peixes do rio Paraíba do Sul foi coordenada pelo engenheiro químico José Roberto Araújo, que durante 14 anos/chefiou o laboratório de ecotoxicologia da Feema. A análise dos peixes foi realizada pelo professor Gustavo Nunan, chefe do setor de ictiologia do Museu Nacional da UFRJ. A água, o sedimento do fundo do rio e os peixes (lambaris, piaus e cascudos) do trecho anterior ao despejo da CSN estavam dentro dos padrões aceitáveis. Abaixo desse ponto, a água e os sedimentos apresentavam benzopireno dezenas de vezes acima do máximo admitido pelo Conselho Nacional de Meio Ambiente (Conama). Os peixes apresentaram papilomas em torno da cabeça, deformações nas nadadeiras e nos olhos. O doutor Gustavo Nunan estabeleceu relação de causa e efeito entre as deformações e os despejos de substâncias mutagênicas. Somente em 2001, depois de 10 anos de lutas ecológicas, a CSN investiu 120 milhões de reais e eliminou as descargas de benzopireno. Em 2003, nova pesquisa mostrou considerável melhoria nos piaus e lambaris. Os cascudos continuam deformados, pois vivem no fundo do rio em contato com os sedimentos contaminados; estes representam um passivo ambiental a ser cobrado.

8. Economia política do meio ambiente

A ECOLOGIA POLÍTICA CRITICA O CAPITALISMO PELA DESTRUIÇÃO DO MEIO AMBIENTE, PELA DETERIORAÇÃO DA QUALIDADE DE VIDA, PELA OPRESSÃO DIÁRIA E PERDA DE PODER DO CIDADÃO SOBRE SUA ALIMENTAÇÃO, SEU LAZER, SUA SAÚDE. E PROPÕE ALTERNATIVAS ECONÔMICAS QUE ENGLOBAM TODOS ESSES ASPECTOS.

Da economia ao cotidiano

A crítica da economia política ao capitalismo mostra que o crescimento econômico é interrompido por crises quando há declínio das taxas de lucro, o capital é estocado e o desemprego aumenta. Revela que a desigualdade da distribuição de renda reflete a estrutura de poder, dominada pelas classes proprietárias, que se apropriam dos valores criados por meio de rendas, juros e lucros. Outra fonte de apropriação do excedente (o valor líquido acrescentado) deriva do controle do Estado e do tesouro público. No caso brasileiro, isso é executado com maestria pelas elites regionais, pelos usineiros, pelas empreiteiras e pelos banqueiros.

Nesse enfoque, a socialização dos meios de produção, ou seja, a transformação das fábricas, das terras e dos bancos em propriedade pública permitiria o crescimento sem crise e a distribuição igualitária. Essa utopia mobilizou milhões de pessoas, mas não chegou a se efetivar nos países do socialismo real (por exemplo, as experiências da ex-União Soviética, da

China, de Cuba, da Coreia, do Vietnã e dos países do Leste Europeu, vários dos quais se desestruturaram com a queda do Muro de Berlim). Entre as razões desse malogro estão a falta de liberdade, o centralismo burocratizado e autoritário e a manutenção das estruturas tecnológicas atrasadas.

As correntes de reflexão da Ecologia Política, para além do crescimento do bolo e de sua repartição mais justa, formularam outras questões: "Como é feito esse bolo?", "Quem escolhe sua receita?", "Seus ingredientes fazem bem à saúde?" e "Esse bolo cresce em harmonia com a natureza?".

Os sistemas produtivos concebidos para a maximização de lucros servirão automaticamente a uma nova sociedade, baseada em princípios radicalmente diferentes, ou a implantação de tecnologias limpas pressupõe a afirmação de nova cultura e de novos valores?

Como se mede o crescimento econômico

Os resultados do crescimento econômico não podem ser avaliados por uma fria porcentagem que indica se a economia cresceu 2% ou 9% ao ano.

O sistema de contabilidade da economia capitalista não incorpora indicadores de qualidade de vida, de saúde ambiental, de desenvolvimento cultural, de ampliação dos tempos livres e não leva em conta a depreciação ecológica — o quanto "se gasta" do patrimônio ambiental a cada ano.

A contabilidade capitalista quantifica o que se produz para venda no mercado. Fora disso, é como se as atividades não existissem para as contas nacionais.

As atividades artísticas em casa, a ajuda na educação do filho, a ginástica e a alimentação equilibrada e o trabalho na associação de moradores para o reflorestamento de encostas representam um redondo zero para a contabilidade nacional. No entanto, se você paga para assistir a uma pornochanchada, compra objetos supérfluos ou remédios que criam dependência e desperdiça gasolina nos engarrafamentos, o produto nacional cresce e agradece.

A contabilidade capitalista computa o desgaste das máquinas, dos prédios e dos equipamentos, subtraindo do total anual da produção um valor, designado amortização e calculado em função de tempo de vida útil. Por exemplo, se um equipamento tem vida útil de 20 anos, a cada ano subtrai-se 1/20 do seu valor para sua reposição ao fim do período.

A destruição da natureza, o empobrecimento dos solos, a exterminação dos cardumes, o custo da descontaminação radioativa não aparecem nessas contas. É como se a natureza constituísse uma coleção de bens infinitos e gratuitos.

Os empresários resistem a investir em procedimentos e equipamentos de tratamento da poluição por considerar, erroneamente, que eles representam custos suplementares que afetam a taxa de lucro.

Trata-se da lógica de internalizar o lucro e externalizar (ou socializar) o custo: matéria-prima para as fábricas, dinheiro para a conta corrente e o custo da poluição e das doenças ambientais para a população.

Nos Estados Unidos, na década de 1970, criou-se um sistema para induzir as empresas a instalar equipamentos antipoluentes. Em áreas onde a contaminação ambiental tivesse atingido o limite máximo tolerável, o industrial que diminuísse suas emissões teria o direito de vender a outra parte da cota eliminada de emissões para o meio ambiente. Uma espécie de mercado futuro da poluição.

Nas décadas de 1980 e 1990, os Estados Unidos criaram mecanismos mais eficazes. As leis e os padrões tornaram-se mais rigorosos, assim como a ação da Agência de Proteção Ambiental (EPA), que impôs aos causadores de catástrofes ambientais o pagamento de indenizações astronômicas.

Os estaleiros e as refinarias que intoxicaram os operários com amianto nos Estados Unidos foram obrigados a pagar indenizações de 4 bilhões de dólares, entre 1989 e 1994. Todos eles substituíram o amianto.

O acidente de 1989 derramou milhares de toneladas de óleo entre o Canadá e o Alasca, vitimou a fauna e a flora marinha da região e custou aos proprietários do Exxon Baldez 2 bilhões de dólares. Todas as companhias de petróleo passaram a usar casco duplo e radares especiais para detectar rochas e *icebergs*.

As empresas passaram a economizar e a lucrar com medidas de proteção ambiental, economia de energia e reaproveitamento do lixo químico. O estudo que melhor revela essa evolução foi elaborado em 1993 pelos professores doutores Mark Dorfman, Warren Muir e Catherine Miller, da Inform (Estados Unidos), intitulado "Dividendos ambientais: ganhos da redução dos dejetos químicos". Eles analisaram por dois anos 35 empresas quanto ao número de atividades em que houve redução de lixo químico, as quantidades totais reduzidas em cada uma, os investimentos realizados, a economia anual em dólares resultante e o número de anos em que esses investimentos se pagaram. Chegaram à seguinte conclusão: as empresas investiram entre 300 mil e 18 milhões de dólares, obtiveram reduções entre 40% e 90% da contaminação química, lucraram por ano entre 450 mil e 3 milhões de dólares e os investimentos se pagaram entre quatro meses e três anos e meio, um tempo excepcional de retorno.

Empresas como a Ciba-Geigy, a Atlantic, a Shell e a Du Pont conseguiram introduzir circuitos fechados, nos quais a água de refrigeração e os processos de vaporização circulam sem contato com o ambiente externo; processos de cogeração de energia (o calor de uma unidade aquece a caldeira de outra); processos de reutilização de resíduos; substituição de substâncias perigosas e de reciclagem impossível; sistemas de vedação eficientes, impedindo fugas de líquidos e gases químicos; conexão direta entre unidades por meio de dutos subterrâneos. Cumpriram as leis, evitando a mão pesada da Justiça, e faturaram milhões de dólares.

O relatório mostrou avanços em empresas como a Cyanamid, a Du Pont e outras que têm filial no Brasil. Aqui, no entanto, não fizeram esses investimentos, e só parcialmente cumpriram as leis de redução do lixo químico e de realização de auditorias ambientais.

A Metalúrgica Thyssen, de Barra do Piraí (RJ), contaminou, em 1988, o rio Paraíba com o cancerígeno óleo ascarel, que a matriz da Alemanha havia substituído dez anos antes por óleos minerais não cancerígenos.

As medidas de segurança, os circuitos fechados e o monitoramento aplicados pela Bayer da Alemanha não se repetem na Bayer de Belfort Roxo

(RJ), que despejou cromo na Baía de Guanabara e não tem estações de controle das emissões atmosféricas. Esses exemplos confirmam a disparidade dos cuidados ambientais no Primeiro e no Terceiro Mundo por sucursais das mesmas empresas.

Qual a razão dessa duplicidade de comportamento? Nos países desenvolvidos, os órgãos ambientais são rigorosos, a opinião pública cobra medidas e a Justiça não perdoa. Aqui, passa-se o contrário: os órgãos ambientais têm pouca força política, equipamentos obsoletos, os técnicos mais experientes os abandonam por causa dos baixos salários, as multas não são pagas e a Justiça é complacente com os crimes ambientais, ao contrário dos crimes contra o patrimônio econômico das classes dominantes, em que ela costuma ser implacável.

A Constituição Federal de 1988, no capítulo VI, "Do meio ambiente", artigo 225, dispõe:

"§ 2º: Aquele que explorar recursos minerais fica obrigado a recuperar o meio ambiente degradado, de acordo com solução técnica exigida pelo órgão público competente.

§ 3º: As condutas e atividades consideradas lesivas ao meio ambiente sujeitarão os infratores, pessoas físicas ou jurídicas, a sanções penais e administrativas, independentemente da obrigação de reparar os danos causados.

Quem danificar o meio ambiente, independentemente da culpa, da intencionalidade, é obrigado a reconstituir o ecossistema adulterado. Entre 1989 e 2004, as ONGs ecológicas e o Ministério Público dos estados das regiões Sul e Sudeste entraram com 1.230 ações na Justiça contra empresas públicas e privadas que destruíram florestas, aterraram lagoas, poluíram rios, contaminaram trabalhadores. Dessas, 26 resultaram na condenação do poluidor a reconstituir o patrimônio destruído e apenas catorze pagaram. É a marca da impunidade. A partir de 2001, várias empresas poluidoras, para fugir ao rigor da lei federal de crimes ambientais, têm assinado Termos de Ajuste de Conduta (TAC) com o Ministério Público, comprometendo-se a custear alguma obra ambiental como contrapartida da contaminação ou da devastação que geraram.

Há custos ambientais que são quantificados em função da perda na produção agrícola ou da redução da pesca e do abastecimento de peixe. Há outros que dificilmente podem ser quantificados. Qual custo imputar aos responsáveis pela poluição que gerou doze recém-nascidos descerebrados (com anencefalia) em Cubatão?

A poluição do ar e das águas degrada a qualidade de vida e gera custos humanos e econômicos computáveis em leitos de hospitais, horas de médicos, remédios e dias de trabalho perdidos.

A natureza é um patrimônio social, base da economia e de nossas vidas. A contabilidade nacional (quantificação da produção, dos salários, lucros e investimentos) tem de incluir os custos da depreciação ecológica — a perda do valor e da qualidade dos recursos ambientais resultante das ações dos agentes econômicos que interferem na capacidade do patrimônio ambiental.

Os recursos aplicados na investigação de tecnologias não poluentes, na implantação de sistemas de tratamento que preservem o valor ambiental e na redução do desperdício devem ser encarados não como gastos supérfluos, mas como investimentos de retorno econômico e social, segundo o economista Ignacy Sachs, do Instituto de Ciências Humanas de Paris.

Os ecologistas não são partidários do "crescimento zero", ao contrário do que alegam os partidários do crescimento sem limites e sem controle. O "crescimento zero" seria a estratégia de manter a produção no mesmo nível para não provocar uma ruptura nos equilíbrios ambientais e a exaustão dos recursos naturais. Essa estratégia é criticada pelos ecologistas conscientes dos problemas da fome e do desemprego.

Certos ideólogos dos países ricos propõem "crescimento zero" para os países em desenvolvimento, quando os países ricos, que contam com 23% da população mundial, utilizam 78% dos recursos minerais e energéticos do planeta. Eles adotaram medidas de proteção ambiental, mas suas empresas poluem o Terceiro Mundo.

Uma taxa de crescimento, por si só, não constitui indicador de desenvolvimento ou de qualidade de vida. Uma taxa de crescimento anual de 0%, dependendo do modelo econômico, pode ser predatória em relação à natureza e agressiva à vida da população.

Em 1985, a economia brasileira apresentou uma taxa negativa de −1% de crescimento econômico: a produção de bens e serviços decresceu 1% em relação a 1984. Mas o modelo econômico seguiu com o desmatamento na Amazônia, a contaminação de rios e mares, o uso intensivo de agrotóxicos, as monoculturas e queimadas e a política industrial que intoxicou trabalhadores.

A estratégia de desenvolvimento socialmente justo e ecologicamente sustentado supõe outro modelo de política urbana, industrial, tecnológica, de transportes e agrícola e profunda transformação social que a viabilize.

Contabilidade socioambiental

A taxa de crescimento, isoladamente, não reflete o desenvolvimento socioeconômico e a distribuição de renda do país. Nos anos do "Milagre Econômico", entre 1974 e 1983, tivemos taxas de crescimento de 7% a 9% ao ano. Vivíamos na ditadura militar e ainda hoje sofremos as consequências desse modelo: a enorme dívida externa, o aumento das desigualdades sociais, nas quais o Brasil é recordista, e o aumento dos desequilíbrios ecológicos.

Os melhores indicadores de desenvolvimento econômico, social e ambiental são os que incorporam o estado de saúde físico e mental da população, suas condições de moradia, alimentação e lazer. Há que se contabilizar a qualidade da água que se bebe, do ar que se respira, das condições de trabalho, as horas perdidas nos transportes e a preservação do patrimônio histórico e paisagístico.

Apenas na década de 1990 a ONU consagrou o Indicador de Desenvolvimento Humano (IDH) como índice determinante da qualidade do desenvolvimento.

O processo de industrialização sem reforma agrária e a modernização conservadora e intensiva em capital geraram menos empregos e concentraram a população em determinados pontos do território, deteriorando as condições de vida de milhões de pessoas.

Nas cidades sem planejamentos urbano e habitacional democráticos, as populações pobres e marginalizadas vivem confinadas em áreas degradadas, onde o lixo se acumula sob os gases tóxicos expelidos pelas chaminés das fábricas. Os custos do congestionamento, da violência e da poluição urbana são invisíveis na contabilidade nacional, impossibilitando a avaliação das melhores opções de desenvolvimento sustentado.

O exemplo do carvão em Santa Catarina

Na década de 1980, o Instituto de Planejamento Econômico e Social (Ipea) realizou uma pesquisa sobre o custo da despoluição da atividade de extração do carvão mineral em Santa Catarina.

A equipe encarregada desse estudo identificou os procedimentos utilizados internacionalmente para diminuir os impactos ambientais da produção carbonífera, tais como bacias de contenção de rejeitos, estações de tratamento de água, contentores de poeiras, umidificação de pilhas de rejeitos (para evitar a dispersão pelos ventos), reconstituição ambiental de minas desativadas, exaustores para ambientes fechados.

Procedeu-se à tomada de preços dos equipamentos e processos, cujo custo global representaria 7% do investimento total nos dois primeiros anos e 1% nos anos seguintes. O maior custo inicial se deveria à instalação do sistema, sendo que posteriormente o custo se restringiria à operação e à manutenção dos equipamentos.

A equipe decidiu avançar mais e formulou a seguinte questão: "Quanto custaria não despoluir e deixar tudo como estava?". Contabilizaram, para quantificar esse custo, outros impactos econômicos. O custo da perda de terras férteis, contaminadas pela chuva ácida de carvão, foi obtido multiplicando-se a área afetada pela queda da produção agrícola por hectare, considerando o valor das safras perdidas.

O custo da poluição hídrica foi obtido multiplicando-se a queda na pesca regional pelo valor médio da tonelada de peixe. A poluição do litoral afetou o turismo regional e foi contabilizada tendo como base a comparação das receitas dos hotéis e pousadas de áreas semelhantes, livres da contaminação carbonífera.

O custo da saúde dos trabalhadores teve dupla contagem: o que resultava do custo hospitalar, como leitos, médicos e remédios, e os dias de trabalho perdidos multiplicados pelo valor diário acrescentado por trabalhador.

A conclusão foi de que o custo de não despoluir era três vezes superior ao custo da despoluição, e que esta representava um investimento altamente rentável. Passados esses anos, o procedimento foi executado? Na maior parte, não. Por quê? Quem arca com o custo da poluição são pescadores, agricultores, hoteleiros, mineiros, secretarias de saúde e prefeituras. Quem deveria arcar com o custo de despoluir seriam as empresas do carvão (como a CSN) e o governo. Entre a contabilidade socioambiental e a decisão de investir há um abismo que separa os interesses da sociedade e o cálculo dos agentes econômicos a quem cabe a decisão.

Torna-se claro que o papel dos órgãos ambientais e da saúde, da opinião pública e da Justiça é fazer coincidir a meta desejável para a sociedade com o necessário investimento dos agentes econômicos que a viabilize.

O exemplo do Pró-álcool

O Programa Nacional de Álcool (Pró-álcool) envolve questões como o uso do solo agrícola, a substituição da gasolina, níveis de emprego, política de subsídios, prática ou não de queimadas, e tem alcance nacional estratégico.

O Pró-álcool foi formulado como um ambicioso programa de substituição de importações com base na agricultura, utilizando o álcool carburante nacional em lugar da gasolina oriunda do petróleo importado. Pretendia-se substituir o petróleo, um combustível fóssil não renovável, por energia renovável oriunda da biomassa. O álcool é menos poluente do que a gasolina e pode melhorar o ar que respiramos, desde que combinado com outras medidas.

Esse programa poderia viabilizar economicamente a reforma agrária no Brasil e também a descentralização regional da economia, caso fosse baseado em cooperativas, em míni e médias usinas, se também utilizasse o álcool de outras fontes, como do milho e da mandioca, e que os subsídios fossem democratizados e regionalizados. Essa posição foi defendida pelo saudoso presidente da Associação Brasileira de Reforma Agrária (Abra), José Gomes da Silva, e pelo inesquecível economista Ricardo Bueno, em seu livro *Pró-Álcool: rumo ao desastre*, de 1985, uma autêntica premonição.

Na versão original do Pró-álcool esses objetivos foram enfatizados. No entanto, a configuração do programa foi definida pelos usineiros, pela indústria automobilística e pelos produtores de maxiusinas — o tripé que comandou sua orientação. Esse programa, que poderia representar um avanço social e ambiental, resultou numa contrarreforma agrária, com aumento do poder do latifúndio, da monocultura e da concentração de riquezas, bem como no desemprego sazonal e na degradação ambiental.

O modelo implementado apresentava as seguintes características e custos decorrentes:

1. A concentração dos créditos e subsídios para os grandes latifundiários e usineiros. Suas dívidas perdoadas, graças ao bloco ruralista no Parlamento, são pagas por todos nós.

2. A monocultura da cana-de-açúcar com a utilização de queimadas e agrotóxicos. Os custos são a perda de fertilidade da terra e a diminuição da produtividade física (toneladas de cana por hectare plantado), gastos crescentes com agrotóxicos, agressão aos pulmões de trabalhadores e moradores pela fumaça cinco meses por ano.

3. A extensão dos latifúndios e a diminuição da área de produção de alimentos. A consequência foi o êxodo, a violência, a fome e a importação de alimentos.

4. As maxiusinas, produzidas apenas por quatro multinacionais, como as empresas Dedini e Pertini, sediadas em São Paulo, travaram a produção regional de miniusinas, mais acessíveis aos pequenos e médios produtores e às cooperativas.

5. O desperdício do vinhoto — subproduto da produção alcooleira — foi significativo. Para cada litro de álcool são gerados 12 litros de vinhoto, e o impacto do seu despejo nos rios e lagoas ocasiona o aumento da Demanda Bioquímica de Oxigênio (DBO), que consome o oxigênio disponível na água, matando os peixes.

6. O desemprego sazonal de milhões de trabalhadores na entressafra implica o seu desenraizamento, com o aumento da miséria, o êxodo rural e a violência urbana.

7. O uso de mão de obra infantil e de boias-frias, sem carteira assinada, teve expressivo impacto social: crianças fora da escola, aleijadas ou precocemente envelhecidas e descumprimento da legislação social e trabalhista por aqueles que recebem subsídios do governo.

8. O aumento das desigualdades regionais e sociais foi consequência da concentração da produção em poucas áreas geográficas e resultou no aumento dos custos de transportes do álcool às demais regiões, que arcaram com o esvaziamento econômico e demográfico.

Trabalho infantil em canaviais. Os usineiros recebem verbas poucas vezes repassadas, praticam queimadas e abusam do trabalho infantil e imoral. Qualquer novo apoio da sociedade ao Pró-álcool deveria partir da revisão dessas posturas inaceitáveis.

9. O uso exclusivo do álcool da cana bloqueou opções como o álcool da mandioca, do sorgo, do milho e de frutas. A desvantagem foi que o programa limitou-se à cana-de-açúcar, com ociosidade na entressafra.

O Pró-álcool baseado em cooperativas, na agricultura integrada e no ecodesenvolvimento poderia ter as seguintes características e os ganhos socioambientais correspondentes:

1. A repartição democrática dos créditos, englobando cooperativas e assentamentos, melhoraria a distribuição de renda, ampliaria o programa e viabilizaria economicamente a reforma agrária.

2. A agricultura integrada supõe a policultura, a substituição progressiva das queimadas de cana, o uso das folhagens para a conservação dos solos e do vinhoto para biofertilizante; economiza-se em agrotóxicos, ganha-se em saúde e em produtividade do solo.

3. A diversificação da produção concilia a cana-de-açúcar com a produção de alimentos, permitindo o desenvolvimento de cooperativas e da agricultura familiar.

4. Os financiamentos para míni e médias usinas criariam novas oportunidades para produtores regionais. Essa alternativa reforçaria a descentralização e a democratização do programa.

5. O aproveitamento do vinhoto para biogás (que move veículos e tratores) e para biofertilizante ajudaria a proteger os ecossistemas fluviais agredidos.

6. A policultura e a agricultura integrada, conectadas com o aproveitamento do álcool da mandioca, do sorgo e do milho, garantiriam emprego durante todo o ano, com redução do êxodo.

7. O reforço das cooperativas, da justiça agrária e trabalhista e a limitação do poder dos latifundiários viabilizariam o respeito às leis e a proteção às crianças. Experiências de bolsa-escola têm tirado menores de engenhos e das carvoarias e remunerado suas famílias com meio salário mínimo para mantê-los nas escolas.

8. A descentralização da produção do álcool diminuiria os custos de transporte. O álcool produzido em São Paulo, que é transportado para

Rondônia em caminhões movidos a diesel importado, polui o ar e custa caro ao país: um contrassenso.

9. A geração de álcool de outros produtos agrícolas, praticada em vários países, é rentável se combinada com a cana-de-açúcar. Cascas e sobras desses produtos podem aquecer caldeiras ou alimentar animais.

Na lógica dos custos unitários de produção, os usineiros e a indústria automobilística defendem o programa deficitário e subsidiado pela Petrobras. Mas o pior é o custo socioambiental do Pró-álcool: a estimativa do somatório dos nove itens de custos totaliza 8 bilhões de reais por ano.

Um programa alternativo, descentralizado e sustentado apresentaria ganhos sociais e ambientais, como geração de empregos e de renda, conservação de solos e produção de alimentos, totalizando (nos nove itens) uma economia estimada em 10 bilhões de reais por ano.

Os setores que arcam com os custos sociais e ambientais, como os trabalhadores rurais, os pequenos e médios proprietários, as regiões desfavorecidas, as famílias vizinhas às áreas de queimadas e os consumidores de alimentos cuja área de cultivo foi substituída pela cana, não poderão custear a reconversão do Pró-álcool.

Os beneficiários do programa usam o argumento ecológico (o álcool polui menos) para demandar um imposto verde na conta da gasolina que financie o seu déficit. O Pró-álcool como um todo (queimadas, vinhoto, agrotóxicos) polui mais do que o álcool despolui. A sociedade deve estabelecer um pacto ecológico condicionando o socorro à reformulação do programa. Somente em 2003, o Pró-álcool foi retomado em novas bases, incorporando algumas das questões mencionadas. Isso permitiu o aumento da adição de álcool na gasolina e a retomada da produção de carros a álcool, que praticamente havia sido paralisada.

9. Cidadania ecológica – autonomia e autogestão

O CRESCIMENTO ECONÔMICO FOI CONCEBIDO E MEDIDO QUASE EXCLUSIVAMENTE POR INDICADORES DE PRODUÇÃO. QUALIDADE DE VIDA, MEIO AMBIENTE, LIBERDADE, CULTURA NEM SEQUER ERAM CONSIDERADOS POR ESSES MODELOS. AS PROPOSTAS DOS ECOLOGISTAS PARA O DESENVOLVIMENTO CONTEMPLAM ESSAS E OUTRAS VARIÁVEIS VITAIS.

Desenvolvimento humano integrado

Segundo o modelo socioambiental adotado, o crescimento econômico poderá aumentar ou diminuir a violência, a exclusão, a solidão, a competição corrosiva, o uso de drogas, o armamentismo e os riscos nucleares.

Os economistas que comandaram o planejamento e as finanças dos principais países trataram o fator humano segundo sua condição de força de trabalho e de instrumento de produção, excluindo outras vertentes do desenvolvimento humano.

Os planos econômicos derivados dessa filosofia acentuaram o abismo existente entre o desenvolvimento humano e o crescimento econômico, entre a dimensão espiritual e cultural e a frenética cadência da produção, entre a fria razão econômica e os desejos, os sonhos e os valores dos jovens e dos trabalhadores.

Parte considerável da população brasileira está excluída da terra, do emprego e da renda. Respiramos veneno no ar, bebemos água contaminada, perdemos horas nos engarrafamentos, mas frequentemente a prioridade das decisões financeiras é o equilíbrio entre a taxa de câmbio (a relação real-dólar), a taxa de juros (o custo dos financiamentos para a produção e o consumo) e competitividade externa da economia. A rápida introdução de inovações que diminuem custos, embora provoquem a demissão massiva de trabalhadores, costuma ser justificada pela necessidade de aumento da produtividade e da competitividade. Essas decisões não computam os impactos humanos e sociais decorrentes, como o aumento da violência causado pelo recrutamento de milhares de jovens excluídos da economia formal pelos traficantes de drogas em exércitos clandestinos, o desmatamento das encostas favelizadas e o crescimento do número de meninos de rua. O ritmo, a modalidade e as medidas compensatórias das inovações tecnológicas e da abertura da economia devem obedecer a um planejamento social e ambiental.

Os créditos para a expansão da soja correspondem à estratégia de aumento das exportações e do agronegócio. Do ponto de vista do desenvolvimento humano sustentado, as opções devem ser precedidas pela avaliação dos impactos da monocultura da soja sobre o meio ambiente e da substituição de áreas de produção de alimentos. Como justificar subsídios para a exportação do farelo de soja, que compõe a ração para o gado nos estábulos dos Estados Unidos, da Holanda e da França, sabendo-se que a expansão dessa cultura pode substituir áreas plantadas com feijão, mandioca e milho? O Mapa da Fome, elaborado com os dados do Ipea pela campanha "Ação da cidadania contra a fome, a miséria e pela vida", coordenada por Betinho, revelou que um em cada sete brasileiros passa fome e que a desnutrição atinge 20% das crianças menores de 5 anos.

Leonardo Boff, importante filósofo católico que publicou livros sobre ecologia, desenvolveu o conceito de Libertação Econômica Integral, incorporando as dimensões física, mental e espiritual àquelas relacionadas com a participação, a justiça social e a solidariedade humana. Ao ser humano devem ser facultados meios de desenvolvimento de suas potencialidades, ampliando espaços de convivência, de liberdade e de criatividade. A disposição de captar a grandeza do universo, seus fluxos e a dimensão cósmica atua no processo de crescimento individual, opondo-se às tendências do egoísmo, da violência e do desperdício.

Fritjof Capra, físico e pensador de renome internacional, demonstrou nos seus livros *O Tao da física* e *Ponto de mutação* os limites do racionalismo econômico (decisões tomadas exclusivamente segundo a lógica do crescimento). Com os avanços da física moderna, Capra retoma as visões orgânica e ecológica presentes na filosofia oriental para superar a contradição que opõe a mente (o intelecto, o espírito) ao corpo (o trabalho, o lado material), criando um distanciamento entre a economia (as empresas) e a vida (o desenvolvimento da cidadania).

Tai-chi-chuan praticado ao ar livre por jovens e idosos. O equilíbrio físico e espiritual é importante para se resistir ao estresse e à competição corrosiva. A integração corpo–mente, espaço-saúde, homem-natureza pretende afirmar novos paradigmas.

Uma economia orientada exclusivamente para o crescimento quantitativo poderá apresentar como consequência significativos custos ambientais e humanos.

As características dos modelos de crescimento fundados no racionalismo econômico são as opções centralizadoras, os megaprojetos, a militarização da sociedade, a estratégia nuclear, a monocultura latifundiária de exportação, a hiperconcentração urbana, as tecnologias de alto impacto ambiental, o domínio do poder econômico sobre as representações da cidadania, o poder monopolista dos meios de comunicação, a fragilidade das políticas de preservação ambiental e de saúde pública.

As consequências ambientais e humanas desses modelos são o desemprego e a exclusão, o desperdício, a perda de poder pela cidadania, o isolamento e a solidão das pessoas, a alienação e o egoísmo, o extermínio de espécies e de culturas, a deterioração dos ecossistemas, a proliferação de pragas e de epidemias, o êxodo rural, o desenraizamento de populações, a crise urbana e a banalização da violência.

A importância da liberdade na luta ecológica

Os mecanismos do mercado, por si sós, são insuficientes para enfrentar questões dessa dimensão e profundidade. O "ótimo econômico" (o maior lucro possível) para uma empresa isoladamente pode resultar num saldo negativo para o patrimônio ambiental da sociedade ou para a saúde coletiva.

Por sua vez, a falência do modelo autoritário e centralizador dos países que praticaram o "socialismo real" na Europa do Leste revelou outro desastre: a falta de liberdade política resultou numa devastação ecológica.

Com a "queda dos muros" (o desmonte desses sistemas políticos totalitários) vieram à tona informações detalhadas sobre o seu quadro de degradação ambiental: florestas cinzas e doentes, rios transformados em esgotos industriais, ar envenenado pela poluição do carvão, cidades de concreto erguidas sobre quarteirões de arquitetura medieval, depósitos perigosos de lixo nuclear.

Nesses países não se respirava liberdade, mas sim um ar envenenado pelo carvão e pela fumaça dos altos-fornos. Em Cottbus, na antiga República Democrática Alemã (ex-RDA), as autoridades exibiam com orgulho as chaminés de 300 metros, "altas como a Torre Eiffel", que transferiam a poluição para a vizinha Polônia. Apenas uma das centrais de Cottbus

Lixo atômico. Até hoje não existe uma solução segura para os rejeitos radioativos, cuja atividade pode perdurar por até 30 mil anos. Os governos não costumam informar os riscos reais e envolvem essas questões num véu não transparente.

produzia mais dióxido de enxofre (SO_2) do que todas as centrais térmicas da Noruega e da Dinamarca.

A antiga RDA era a maior poluidora do ar da Europa. Queimando carvão de pior qualidade, enviava à atmosfera 5 milhões de toneladas de SO_2 a cada ano, seguida da ex-Checoslováquia, que contribuía com 3 milhões de toneladas anuais. Na região de Leipzig, na RDA, os dragões da poluição eram as minas do Kombinat BKK e as indústrias químicas do Kombinat CKB, que envenenaram as águas do Elba, tornando-o o rio mais poluído da Europa.

Em Zabrze e Nova Huta, na Polônia, a população sofria de insuficiência cardíaca por falta de oxigênio, em consequência da poluição do carvão e das siderúrgicas. Em Cracóvia, as emissões de zinco, cádmio e chumbo provocaram deformações congênitas em 180 de cada 10 mil crianças menores de 5 anos. Os gases lançados na atmosfera provocaram chuva ácida sobre cidades e florestas, como as da Boêmia, onde as árvores secaram e morreram em pé, sem verde e sem vida à sua volta.

As advertências de sindicalistas e ambientalistas sobre os riscos da poluição foram encaradas como ameaças ao cumprimento dos Planos Quinquenais (base do planejamento socialista). Órgãos ambientais foram criados, mas sua direção foi confiada aos responsáveis pelas metas de produção, ou seja, aos poluidores.

A grande lição da tragédia ambiental do socialismo totalitário é a de que, sem liberdade de imprensa, liberdade de organização e pluralismo sindical e partidário, a população perde o controle sobre o ambiente vital, fica desinformada e sem capacidade de interferir no seu próprio destino.

No Brasil, nossas Nova Huta e BKK chamam-se Cubatão, Ingá Mercantil, Cataguases e CSN. Nossos Elbas se chamam rios São Francisco, Tietê e Paraíba do Sul. Depois da mensagem planetária de Chico Mendes, aqui, como lá, não haverá como separar as lutas pelas transformações sociais daquelas em defesa da vida, da natureza e das liberdades.

Autogestão, empresas públicas e conselhos

O conceito de autonomia vem de correntes libertárias do movimento sindical e cultural do século passado que se opunham à opressão e desenvolveram experiências de autogestão e de cooperativas. O pensamento socialista afastou-se desses princípios na crença do planejamento estatal centralizado. A alienação dos operários nas fábricas, incapazes de interferir na estrutura da produção, e a impotência do cidadão, preso na armadilha da cidade asfixiante, criaram condições para o ressurgimento da autonomia e da autogestão incorporadas ao desenvolvimento sustentado.

O controle da gestão urbana e das opções tecnológicas pelo cidadão associado recupera para a cidadania o uso do espaço (urbano, industrial, agrário) e do tempo (de trabalho, de lazer, de deslocamento), poder que lhe foi progressivamente subtraído.

O conceito ecológico da autonomia incorpora o poder da comunidade, do movimento sindical e dos cidadãos disporem de liberdade para criar alternativas no consumo, na produção e na cultura, tais como alimentação equilibrada, transportes integrados, educação crítica, terapias orgânicas, agricultura biológica e fontes de energia renováveis.

O crescimento do poder do Estado e dos monopólios, inclusive da mídia, gerou estruturas complexas e tecnologias "duras" (de grande impacto ambiental), como a nuclear, de difícil apropriação coletiva (domínio de altos especialistas) e de impossível harmonia com a natureza (o lixo atômico é ativo por 30 mil anos). O controle da vida cotidiana pelo Estado (moral, sexualidade, comportamento) e a disciplina imposta aos corpos e mentes pelas empresas (hierarquia, cadências) atrofiaram a autonomia e a liberdade.

As tecnologias menos agressivas, como as energias solar, eólica (dos ventos) e da biomassa, a agricultura biológica, a reciclagem e o aumento da durabilidade dos produtos combatem o desperdício e a degradação ambiental, mas isoladamente não garantem mudanças estruturais nem a afirmação de novos valores culturais.

Os sistemas centralizados sob orientação economicista (que não prioriza a dimensão humana) desqualificam o saber do autodidata (que não tem diploma, mas tem experiência), a memória oral da comunidade, o saber secular das medicinas tradicionais, o espaço histórico dos bairros (atropelado por autoestradas) e a imaginação das comunidades (uniformizada pela "novela das oito").

O desejo das comunidades de interferir no seu meio, combater a corrupção e retomar o controle sobre o destino dos recursos públicos potencializou-se nas experiências de orçamento participativo. Os conselheiros escolhidos por bairros e por temas para definir a aplicação dos recursos orçamentários expressam uma combinação da democracia direta com a democracia representativa (parlamentar).

O desenvolvimento do conceito de empresa pública supera a dicotomia (polarização) existente entre empresa privada e empresa estatal. As empresas estatais dissociaram-se dos interesses da sociedade nas áreas ambiental, social e de geração de empregos. Muitas foram dominadas por partidos no poder por meio de práticas fisiológicas (troca de favores) e comandadas por tecnoburocratas dissociados dos interesses da sociedade.

Betinho defendia a empresa pública não estatal como "uma empresa que atua no mercado como qualquer outra, mas que não se subordina automaticamente à lógica do lucro e da eficiência, medida apenas em termos financeiros. É uma empresa que pensa e incorpora as dimensões sociais e ambientais como parte de sua própria lógica. Uma empresa dirigida estratégica e politicamente por um conselho com representação ampla da sociedade. Uma empresa em que a sociedade e o poder público tenham condições de estabelecer metas, objetivos e mecanismos de correção de rumos e gerar uma nova realidade no campo empresarial do Brasil".

O conceito de televisão pública foi desenvolvido na Alemanha com base na ideia de que o cidadão não deveria apenas ser um terminal receptor de mensagens do poder, mas também ter a oportunidade de agir como emissor, transmissor de ideias e experiências. A televisão pública de Berlim garantiu um espaço anual de veiculação gratuita para qualquer grupo de cidadãos que quisesse exibir uma produção em vídeo, fornecendo equipamento e estúdio gratuitos e sem censura.

A proposta de banco público foi elaborada no Brasil com a privatização dos bancos estaduais. Na direção do banco público estariam representados trabalhadores, usuários dos serviços, governo e acionistas. Não seria um banco privado, nem estatal, mas competitivo no mercado e com aplicações em áreas estratégicas, como agricultura, microempresas e preservação ambiental. Os Bancos do Povo, trabalhando com microcrédito, começam a seguir essa trilha.

Nos serviços públicos, como água e esgoto, têm sido propostos modelos de consórcios incluindo empresas privadas, prefeituras e consumidores. A prefeitura de Ribeirão Preto (SP) aplicou esse modelo nas áreas de telefonia e saneamento, com mecanismos de controle de qualidade dos serviços e de tarifas. O poder público ficou com 51% das ações, captando 50 milhões de reais da iniciativa privada e viabilizando o tratamento dos esgotos e a modernização da telefonia.

A Ecologia Política do Terceiro Mundo parte do enfrentamento ecológico de questões como a fome, a exclusão e a mortalidade infantil. Aponta soluções criativas e eficientes para o saneamento básico, o lixo, o abastecimento de água e a matriz energética. O desafio é construir simultaneamente alternativas à degradação ambiental e social, ao desperdício e às estruturas agrária e urbana.

10. Programa aplicado de cidadania ecológica

OS CONCEITOS E OS PRINCÍPIOS DA ECOLOGIA ENRIQUECEM-SE E SE TRANSFORMAM EM CULTURA E EM ALTERNATIVA QUANDO APLICADOS, DE FORMA CRIATIVA E EFICIENTE, ÀS SITUAÇÕES CONCRETAS. ISSO SUPÕE ALIANÇA COM PESQUISADORES, FORÇA POLÍTICA PARA IMPLEMENTÁ-LOS, TRANSPARÊNCIA E PARTICIPAÇÃO SOCIAL PARA CORRIGI-LOS E DIVULGÁ-LOS.

Desafios da ecopolítica

A integração das utopias ecológicas nos programas de desenvolvimento transformou-se em realidade em algumas regiões e empresas, por causa da ampla articulação social. Foram, por exemplo, os casos da substituição do mercúrio, do jato de areia nos estaleiros, do chumbo tetraetila na gasolina e da implementação das ciclovias e dos táxis movidos a gás natural. Outras propostas emblemáticas extrapolaram o nicho ecológico e se converteram em soluções economicamente viáveis, como o aproveitamento das energias solar, eólica e o biodiesel. Programas alternativos são formulados ou reorientados, como o Pró-álcool, baseado na descentralização e policultura em virtude da falência do modelo antissocial e poluidor.

Os programas aplicados de ecodesenvolvimento sugerem a reformulação do antigo lema ecológico: "Pensar globalmente, agir localmente".

Devemos pensar global e localmente e agir de forma coordenada local e globalmente, conectados aos avanços mundiais e integrando as experiências locais com a democratização radical e a despoluição do poder político.

Reforma agrária ecológica

A questão da reforma agrária foi historicamente tratada por camponeses e sindicatos como alternativa ao latifúndio e à fome. A questão florestal, o impacto dos agrotóxicos e das queimadas raramente ocuparam espaço nessas propostas. Os ecologistas, por seu lado, mitificavam as micropropriedades, que praticavam a agricultura biológica, sem agrotóxicos, com minhocas e rotação de culturas sob os cuidados de seus proprietários alternativos. Não consideravam a ampliação da escala da produção para baixar custos e preços dos alimentos, nem a estrutura agrária e o êxodo.

O programa da reforma agrária ecológica deve combinar esses dois enfoques. As desapropriações complementam-se com as tecnologias de manejo integrado do solo, das águas e dos cultivos. O combate à violência no campo complementa-se com a substituição de queimadas, agrotóxicos e monoculturas.

Qualquer um dos dois enfoques isoladamente fracassa. A reforma agrária padronizada conduz ao esgotamento dos solos, à diminuição de áreas florestadas e ao assoreamento dos rios, com prejuízo aos assentamentos dos sem-terra. A multiplicação de microexplorações alternativas isoladas não modifica a estrutura agrária, o êxodo e a política agrícola exclusivamente voltada para a exportação.

A reforma agrária ecológica pressupõe a democratização e a extensão do movimento cooperativo, bem como o redirecionamento da pesquisa tecnológica agrícola. A implantação de sistemas policulturais integra a agricultura, a pecuária e a silvicultura em arquipélagos energéticos, produzindo álcool da cana-de-açúcar, do sorgo e da mandioca e biogás do vinhoto e do esterco. Matéria orgânica tratada pode nutrir a criação de peixes em tanques e, com o reforço de grãos e de farelo, pode alimentar o gado no estábulo. A complementaridade aumenta a autonomia, evitando a poluição e o desperdício, garantindo emprego durante o ano todo.

Esse programa inclui a democratização do crédito e dos equipamentos de comercialização e políticas nacionais de produção de alimentos. Sua viabilização depende ainda da implantação de uma justiça agrária independente, do redirecionamento do Pró-álcool e da incorporação da agroindústria pelas cooperativas.

Políticas de emprego

A lógica produtivista, de reduzir custos a qualquer preço, sem critério, gera desemprego em massa que custa mais à sociedade na conta do subsídio-desemprego, no custo da construção de mais prisões e de internações de menores infratores. Até a década de 1970, o desemprego era pendular, acompanhando os ciclos de expansão e de contração das economias. A partir da década de 1980, verificou-se a manutenção de elevada taxa de desemprego mesmo quando a economia voltava a crescer.

As razões apontadas pelos economistas para esse desemprego cronificado são variadas: mudanças tecnológicas, globalização da economia, terceirização de inúmeras atividades profissionais, empregos temporários e o avanço da cibernética e da robótica, reduzindo postos de trabalho sem contrapartidas equivalentes em outros setores.

O desemprego atingiu inclusive trabalhadores e técnicos com boa formação. Entre os desempregados na Alemanha, em 2001, havia 1 milhão de operários especializados e engenheiros. Na França, 25% dos novos desempregados registrados tinham mais de dois anos de ensino superior. Nos Estados Unidos, o Departamento Nacional de Trabalho estimou que, em 2005, 35% dos novos postos de trabalho serão de firmas familiares, de subempregados ou de empregos temporários.

O setor formal (com carteira assinada) emprega cada vez menos trabalhadores para produzir cada vez mais, alijando grande parte da força de trabalho, independentemente de sua qualificação. Esses excluídos, mesmo nos países desenvolvidos, encontram colocação no setor informal (sem contrato e sem direitos), como ambulantes, no trabalho temporário e feito em casa, com salários menores e maiores riscos.

Essas características decorrem do "enxugamento" das unidades econômicas (racionalização das funções) e contratação de empresas terceirizadas e especializadas em trabalhos a domicílio ou temporários.

Segundo André Gorz, esse processo implica a "externalização" do trabalho (realizado fora da empresa) e a mobilidade crescente da força de trabalho. Essa é a maior ameaça aos trabalhadores jovens, que querem ingressar no mercado de trabalho, e aos operários de mais de 45 anos, para quem é cada vez mais difícil conseguir emprego. Os desequilíbrios sociais, psicológicos e ambientais desse processo são significativos.

No Terceiro Mundo, onde as famílias não têm poupança e o seguro-desemprego é limitado, esse processo implica o aumento da miséria e da fome. A dissolução das famílias e a queda da autoestima dos desempregados desencadeiam o alcoolismo e a desestruturação psicológica. A violência tem diferentes causas, mas ela sempre aumenta com o desemprego e a miséria.

O meio ambiente também sofre o impacto do desemprego. Pescadores, agricultores e operários sem emprego cortam manguezais, transformam matas em lenha para venda e caçam aves e animais exóticos para exportação clandestina. O Rio de Janeiro é um dos campeões mundiais do tráfico de animais silvestres. Populações desenraizadas migram para a metrópole e desmatam encostas para construir barracos em áreas de risco, preparando catástrofes das quais são as primeiras vítimas.

Com o desemprego generalizado, as empresas deixam de cumprir as leis ambientais e as autoridades tornam-se menos rigorosas com a poluição em face do "mal maior" — o desemprego.

O combate ao desemprego deve ocorrer em várias frentes: estímulo às tecnologias intensivas de trabalho, apoio às pequenas empresas, que no conjunto são as que mais empregam, linhas de crédito para os investimentos produtivos, políticas de formação da mão de obra e, sobretudo, a redução da jornada de trabalho e a limitação das horas extras.

No início do século XIX, a jornada de trabalho nas minas de carvão era de até 15 horas diárias, até mesmo para crianças. Lutas históricas reduziram a jornada diária para 8 horas no início do século XX. Desde então, a produtividade do trabalho multiplicou-se dezenas de vezes por causa da tecnologia, mas a jornada não se reduziu na maior parte dos países, inclusive no Brasil. Na década de 1980, na França, os assalariados reduziram-se em 30%, enquanto a produção aumentou 35%.

Os trabalhadores não devem combater as tecnologias que substituem o trabalho repetitivo e perigoso, mas garantir que toda a sociedade se beneficie desses progressos viabilizados pelas universidades e centros de pesquisa, sem a exclusão e a miséria para milhões de pessoas. A França e a Alemanha reduziram a jornada de trabalho para 35 horas semanais. A redução da jornada semanal de 44 para 38 horas e a restrição às horas extras poderão criar no Brasil milhões de novos empregos, aliada às políticas industriais, de créditos e aos investimentos em infraestrutura.

Devem ser também estimulados as cooperativas, os programas habitacionais, a agricultura familiar e as indústrias do calçado, vestuário e alimentícia (que são grandes empregadores), os programas de geração de renda e emprego, os programas regionais de desenvolvimento integrado, a irrigação e reforma agrária e os programas de saneamento e recuperação ambiental.

A redução da jornada de trabalho permite a liberação de tempo para o desenvolvimento humano e coletivo, criando condições para leitura, desenvolvimento artístico, atividades associativas e de preservação ambiental. Amplia os espaços de autonomia, de liberdade de escolha e de exercício da cidadania.

Uma trégua ecológica para a Amazônia

Em setembro de 1988, dois meses antes de ser assassinado, Chico Mendes participou do lançamento da Trégua Ecológica para a Amazônia, documento que elaborou com Betinho, Luís Pinguelli, Carlos Minc, Orlando Valverde, Fábio Feldman e Antonio Brandt.

O documento recebeu 340 mil assinaturas de apoio e continua atual, mesmo depois de tantos anos; ele combina princípios ecológicos com estratégias de desenvolvimento regional. Como nunca foi publicado, em homenagem ao idealizador das reservas extrativistas reproduzimos esse documento na íntegra.

"Trégua ecológica para a Amazônia", lançado na Assembleia Legislativa do Rio de Janeiro. Na foto, Carlos Minc entre Chico Mendes e Betinho. Este documento é dedicado a esses dois heróis, que personificam a ética e a postura revolucionária da cidadania ecológica.

Uma trégua ecológica para a Amazônia

"A Amazônia arde: aí se trava uma guerra contra a ecologia e os povos da floresta. A defesa da Amazônia depende da mobilização de todos e de cada um. Nós, abaixo assinados, consideramos que só com a execução do programa Uma Trégua Ecológica para a Amazônia este patrimônio fundamental para a vida do planeta será salvo da destruição irresponsável.

1. Cessar-fogo

Suspensão pelo período mínimo de 3 anos dos incentivos e investimentos públicos nos empreendimentos minerais, siderúrgicos, viários e hidrelétricos que impliquem desmatamento em larga escala, mudanças irreversíveis nos ecossistemas ou prejuízos significativos às populações locais e povos indígenas. Esses projetos devem ser reprogramados, incorporando essas diretrizes.

2. Um novo modelo de desenvolvimento para a Amazônia

Revisão global do modelo de desenvolvimento adotado para a

região e reorientação dos investimentos para atividades ecológicas e socialmente sustentadas, no extrativismo, na pesca, no turismo, na indústria não poluente e na mineração não predatória. Definir uma política científica e tecnológica de preservação do meio ambiente, com participação das universidades e órgãos financiadores de pesquisa voltados para tecnologia tropical sustentada.

3. Criação das reservas extrativistas

Demarcar e preservar grandes áreas de desenvolvimento de atividade extrativista não predatória sob controle das populações locais, seringueiros, castanheiros, juteiros por meio da concessão do uso da terra por período não inferior a 30 anos.

4. Revisão da política de colonização

Considerando o fracasso econômico, ecológico e social da colonização na Amazônia, feita como válvula de escape das tensões de todo o país, geradas em parte para a não realização da reforma agrária, propomos: zoneamento para um desenvolvimento agroindustrial ecológico e autossustentável na Amazônia, baseado em programa de ordenação do território. A rede rodoviária não pode ser a trilha da devastação. Deve ser o canal de ligação da rede urbana integrada, provida de equipamento de saúde, educação e transportes para o desenvolvimento regional equilibrado.

5. Uma política madeireira para a região

A proibição da exportação de madeiras em tora, preservação do mogno e controle das madeireiras. Reflorestamento das áreas degradadas para atividade industrial madeireira. Proibição do uso do 'correntão' na Amazônia. Fiscalização efetiva de todas as serrarias da região, com fechamento das serrarias clandestinas. Estimular a exportação de artefatos de madeira, criando empregos na região.

6. Nova política mineral

Proibição do uso do mercúrio na região, efetivando resolução do Conama de 1988. Substituição do mercúrio pelo carvão ativado no processo de apuração. Obrigar as mineradoras a respeitarem a Constituição, evitando a contaminação dos rios e reconstituindo os solos e o revestimento vegetal após a exploração das lavras. Desenvolvimento de novas tecnologias de detecção e exploração de minérios, combatendo o contrabando e democratizando a atividade.

7. Nova política energética

Revisão dos grandes projetos hidrelétricos. Participação das populações atingidas nas discussões públicas dos impactos sociais e ecológicos desses projetos. Considerar o valor ambiental e econômico da fauna e da flora na avaliação dos custos das obras. Financiamento de alternativas de geração de energia não poluente como míni e médias hidroelétricas, termoelétricas a gás, sistemas de geração solar e outras. Suspensão do complexo Babakuara-Kararaô no Xingu, preservando as sete nações indígenas que ali habitam. Repúdio ao indiciamento das lideranças indígenas que alertaram o mundo quanto ao etnocídio embutido nesse projeto.

8. Ferro-gusa

Foram aprovados 28 projetos de usinas siderúrgicas no Programa Grande Carajás, dos quais quatro implantados e três em construção. Todos estão sendo abastecidos com carvão vegetal de florestas nativas. Para exportar o ferro-gusa abaixo do preço de custo para um mercado mundial saturado serão devastados 30 milhões de hectares de florestas nativas nos próximos dez anos. Propomos dissolução da Comissão Interministerial do Programa Grande Carajás, anulação dos contratos de siderurgia que usem carvão de matas nativas e formação de uma nova comissão integrada por técnicos e cientistas conhecedores dos problemas da Amazônia.

9. Nações Indígenas

Garantia da soberania territorial, da cultura das tradições e costumes das Nações Indígenas. Aplicar de imediato a nova Constituição, demarcar e defender todos os territórios das Nações Indígenas. Impedir que o Programa Calha Norte desfigure os territórios indígenas, transformando-os em colônias agrícolas. Vigilância de Batalhões Florestais para impedir que mineradoras, madeireiras e grileiros invadam as terras das Nações Indígenas.

10. Paz amazônica

Instituição do *Habeas-data* Ecológico com acesso público às fotografias de satélites e aos arquivos da Superintendência de Desenvolvimento da Amazônia (Sudam). Auditoria das concessões e aplicações dos incentivos da Sudam.

Regulamentação imediata do artigo 225 da Constituição Federal no que concerne à criminalização dos delitos ambientais, especialmente às queimadas em florestas nativas, desmatamentos de áreas de proteção ambiental e de nascentes e mananciais. Uso dos Batalhões Florestais na fiscalização e na luta contra o ecocídio amazônico. Mobilização da sociedade para a defesa e o desenvolvimento da Amazônia."

Várias dessas demandas foram vitoriosas, como a suspensão de incentivos a projetos predatórios, restrições ao uso do carvão vegetal de matas nativas e ao corte do mogno e à demarcação das reservas extrativistas. Parte das reservas indígenas foi demarcada, mas a invasão dos garimpeiros ainda é uma ameaça real. A lei de crimes ambientais foi aprovada em 1998, mas poucos poluidores foram punidos. Marina Silva, companheira de Chico Mendes, criou nova política de combate ao desmatamento e de desenvolvimento sustentado para a Amazônia. Pena que Chico Mendes não tenha vivido para ver parte de seu sonho em execução.

Uma nova matriz energética

Nossa matriz energética (conjunto de fontes e formas de geração e de uso da energia) é irracional, não planejada e desperdiçadora. Ela constitui a base da economia, e o domínio sobre fontes energéticas é palco de guerras como as do petróleo. As nações ricas reúnem 23% da população do planeta e consomem 78% de toda a energia gerada e utilizada, reproduzindo as desigualdades em todo o mundo.

Com a crise do petróleo dos anos 1970 e a demonstração da relação entre combustível fóssil, poluição e efeito estufa (aquecimento global do planeta), alguns países desenvolvidos passaram a investir em tecnologias poupadoras de energia: na reciclagem e no reaproveitamento de energia, na eficiência energética (relação entre o uso de unidades de energia e o rendimento industrial ou agrícola) e na cogeração de energia (o calor gerado numa unidade pode aquecer uma caldeira de outra; gases expelidos numa unidade podem ser canalizados, comprimidos e fazer girar uma turbina de outra unidade).

Entre 1985 e 2003, a metade do acréscimo de energia disponível nos Estados Unidos foi obtida com a adoção de procedimentos de eficiência energética, reciclagem e cogeração.

Trinta por cento de toda a energia gerada no Brasil é desperdiçada a cada ano. O gás natural de Campos é parcialmente perdido por falta de aproveitamento; a energia hidroelétrica se perde na transmissão e na distribuição — a usina nuclear de Angra I, em dezesseis anos gerou apenas 60% do seu potencial energético (esteve desativada por causa de incidentes e falhas graves, inclusive no gerador de vapor); nossos programas de eficiência energética são tímidos e inoperantes; nossas fábricas pouco praticam a cogeração e têm perdas consideráveis nos fluxos energéticos; o Pró-álcool desperdiçou a energia da biomassa (folhagem), com as queimadas, e do vinhoto, com os despejos *in natura*.

A opção nuclear

Há usos nucleares que são insubstituíveis, como os aplicados na saúde. No futuro, a fusão nuclear (sistema que ainda está sendo testado em grandes laboratórios) poderá produzir energia sem o lixo atômico atualmente gerado no sistema de fissão nuclear (que cria energia com a divisão do núcleo do átomo).

O Programa Nuclear Brasileiro foi concebido durante a ditadura militar, de forma secreta, conectado ao projeto da bomba atômica e do

Brasil Grande Potência. Caro e ineficiente, esse programa alijou a comunidade científica. Não foram equacionados, de forma segura, o plano de evacuação da população em caso de acidentes e a destinação final dos rejeitos atômicos.

Uma ação popular de ecologistas na Justiça Federal, depois do acidente de vazamento de água do sistema de refrigeração do núcleo do reator, em julho de 1986, garantiu que se realizasse nas instalações da usina de Angra I uma perícia independente. A perícia foi executada em 1989 pelos físicos nucleares Luís Pinguelli Rosa (UFRJ) e Ancelmo Páschoa (PUC). O relatório resultante documentou dezoito falhas, sendo as mais graves: a ausência de plano de contingência (defesa) confiável para a população e a inadequação do depósito de lixo nuclear. Com base nesse relatório, a juíza Salete Macaloz interditou a usina até que se providenciassem soluções seguras para as falhas apontadas pela perícia técnica. Angra I ficou desativada quatro meses, mas voltou à ativa em 1990 sem que as questões tivessem sido resolvidas.

Em outubro de 1997, havia 89 mil quilos de lixo atômico numa piscina azul celeste no interior da usina. Esse lixo é composto de um coquetel de urânio, xenônio, plutônio e césio-137 com tempo de vida ativa de 30 mil anos. O desastre de Goiânia (setembro de 1987), um dos piores acidentes radiológicos do mundo, foi provocado por 100 gramas de césio-137, o peso de uma caneta esferográfica.

O número de usinas nucleares encomendadas por ano no mundo, entre 1994 e 1999, foi 84% menor do que a média anual anterior ao acidente de Chernobyl (abril de 1986). A Áustria realizou um plebiscito e decidiu fechar sua única usina nuclear. A Itália efetuou um plebiscito e resolveu desativar progressivamente seu programa nuclear até 2020. A Suécia realizou uma consulta nacional e deliberou pela desativação do programa até 2014. Em 2002, o governo alemão da coligação verde-social-democrata decidiu desativar suas usinas nucleares até 2021. O Brasil discute a construção de Angra III, com tecnologia alemã, enquanto seus criadores a rejeitam e partem para outras formas de energia e programas de eficiência energética. Antes de Chernobyl, havia uma subavaliação dos custos dos acidentes e da descontaminação das usinas que, passados seus trinta anos de vida útil, eram desativadas. Em 1997, os Estados Unidos fecharam seis usinas nucleares por razões econômicas: o custo do quilowatt nuclear era 2,5 vezes maior do que o do quilowatt hidroelétrico. O quilowatt gerado por Angra I é três vezes mais caro do que o gerado pela hidreletricidade.

O governo encerrou formalmente, em 1991, o programa nuclear "paralelo", comandado por setores das forças armadas e financiado por contas secretas, que dispunha de um campo de provas atômicas subterrâneas de 320 metros na Serra do Cachimbo (Amapá). A Constituição Federal de 1988 proíbe expressamente o uso militar da energia nuclear e condiciona seu uso pacífico à prévia aprovação do Congresso de cada projeto específico (artigo 21, inciso XXIII, alínea *a*). A Marinha desenvolve em Aramar (Iperó-SP) um submarino nuclear que, apesar de não ter sido aprovado pelo Congresso, é uma arma de guerra da Marinha Brasileira.

A Marinha opera anualmente exercícios conjuntos com a Marinha de Guerra dos Estados Unidos no quadro das Operações Unitas. Desde 1987, os ambientalistas vêm realizando sucessivas manifestações em veleiros, lanchas e ultraleves contra a presença em nosso litoral de submarinos nucleares e porta-aviões americanos equipados com dezenas de mísseis atômicos Tomahawk.

O governo americano sempre respondeu que, pelo acordo da Unitas, eles não poderiam confirmar nem desmentir a presença dessas armas a bordo, em plena Baía de Guanabara. Afirmavam que os equipamentos de propulsão nuclear eram 100% seguros e que nunca houve acidentes.

O Greenpeace publicou o relatório *Neptune Papers*, elaborado durante dois anos por pesquisadores de alto nível e ex-oficiais da Marinha americana, documentando os acidentes com embarcações dos Estados Unidos e de demais países com frotas nucleares ocorridos em quarenta anos, com dia, hora, local e consequências. Entre 1945 e 1990, houve 382 acidentes envolvendo submarinos e porta-aviões nucleares, incluindo incêndios, colisões e explosões. Doze reatores atômicos e 23 torpedos nucleares afundaram nesses acidentes e contaminaram os mares.

Várias embarcações americanas da Operação Unitas que atracaram em nossos portos dispunham de mísseis atômicos. O *Neptune Papers* listou os nomes, as classes e o número de cada uma dessas embarcações, como o USS Nimitz, o USS Pintado e o USS John F. Kennedy, que haviam sofrido acidentes de pequeno ou médio porte em outros mares. A partir de 2001, como resultado da forte indignação da sociedade, esses exercícios da Operação Unitas não mais atracaram em nossas costas embarcações com armas nucleares.

Os programas brasileiros de enriquecimento, processamento e aplicações estratégicas de urânio eram controlados pelas Forças Armadas. Somente em 2003, depois de fortes protestos da comunidade científica, esses programas passaram à coordenação do Ministério de Ciência e Tecnologia.

Na terra do Sol investimos pouco em energias alternativas, ainda apostamos no submarino nuclear e não sabemos o que fazer com o lixo atômico.

A energia dos ventos

As fontes alternativas de energia, como a eólica e a solar, são democráticas, descentralizadas e permitem aumentar a autonomia local sem causar impactos ambientais. Os críticos das soluções ecológicas alegam que essas fontes são caras, inviáveis e idílicas, mas eles estão equivocados.

A energia eólica atualmente não é gerada por meio dos românticos cata-ventos do passado, mas por meio de sofisticadas turbinas eólicas computadorizadas, cujas pás aerodinâmicas estão sempre na melhor posição em relação aos ventos. Nos Estados Unidos, existem centenas de fazendas onde as vacas pastam entre as imensas e inofensivas torres dessas turbinas, que geram energia farta e competitiva sem subsídios.

No início de 1997, existiam no mundo 30 mil turbinas eólicas, gerando 3 milhões de quilowatts. O departamento de Energia Mecânica da Universidade Federal de Pernambuco avaliou que a velocidade dos ventos no litoral do Ceará, de 9 metros por segundo, tem potencial suficiente para a geração de 600 megawatts — o equivalente a Angra I e sem risco nuclear. Em 2000, os ambientalistas obtiveram uma vitória: o percentual de 1% do valor total do investimento realizado em usinas termoelétricas, hidroelétricas e refinarias passou a ser obrigatoriamente investido em energias alternativas, como a solar e a eólica, cuja eficiência quadruplicou nos últimos dez anos.

Turbinas eólicas na Califórnia, nos Estados Unidos. Os avanços nessa área são imensos e rápidos. Essas turbinas produzem milhares de quilowatts sem poluir, a custos competitivos e sem subsídios. No Brasil sua difusão ainda está bloqueada e é lenta.

O Sol nasceu para todos

Os imensos espelhos parabólicos das onze grandes centrais solares destacam-se na paisagem do deserto de Mojave, na Califórnia, indicando a possibilidade de um futuro melhor para a humanidade. Ali, até o ano 2008, a capacidade de geração de energia será expandida de 450 MW para 1.200 MW, o dobro de Angra I.

As células fotovoltaicas não são como os sistemas solares de aquecimento de água nos tetos das casas. Elas transformam diretamente a luz do sol em energia elétrica, fazendo funcionar televisores ou sistemas de irrigação em regiões isoladas, sem rede elétrica. Nas últimas duas décadas, o custo da geração do megawatt fotovoltaico reduziu-se cem vezes, e até o ano 2008 essa forma de energia será competitiva em relação a outras, segundo o Centro de Energia e Meio Ambiente da Universidade de Princeton. Em futuro próximo, serão comercializados equipamentos que permitam a estocagem de hidrogênio obtido por sistemas fotovoltaicos, que já estão na quinta geração. Atualmente, é possível armazenar em uma bateria comum (de carro) a energia obtida pelas células fotovoltaicas durante o dia ensolarado para ser usada à noite ou em dias chuvosos.

Espelhos solares em Zaragoza, na Espanha. Essa tecnologia e as células fotovoltaicas já estão na quinta geração, apresentando resultados positivos e promissores. No Brasil, "a terra do sol", investimos em submarinos nucleares e estamos apenas engatinhando na revolução solar.

Em abril de 1997, havia 26 milhões de brasileiros sem acesso à energia elétrica, sobretudo no interior do país. Sem suas necessidades básicas atendidas, essas comunidades permaneciam condenadas ao subdesenvolvimento. O custo de implantação da energia solar em áreas distantes das redes de transmissão é bastante inferior ao dos sistemas tradicionais. Na Amazônia, são utilizados geradores a diesel, e a construção de centenas de caros quilômetros de linhas de transmissão afetaria as florestas nativas.

As demandas básicas das comunidades carentes, tais como água potável, alimentos, educação, saúde, telefonia de emergência, rede de televisão educativa e centro comunitário, podem ser atendidas de forma rápida com o uso de energias alternativas.

Na Ilha de Jaguanum, Baía de Sepetiba (RJ), na Ilha Grande e na praia do Sono (Paraty), entre várias outras formas de energia alternativa foi implantado sistema solar em todas as casas dos pescadores, no posto de saúde, na escola e na igreja. Isso transformou radicalmente a vida dessas comunidades, que estavam condenadas, havia mais de um século, ao subdesenvolvimento, ao êxodo e à ameaça de extinção.

Ecologistas e técnicos lutam pela implantação efetiva do Programa de Desenvolvimento Energético de Estados e Municípios (Prodeem), que financia a longo prazo a instalação de sistemas eólicos e solares pelas famílias, em suas casas e comunidades, incluindo centros de saúde, creches e sistemas de bombeamento de água. Cada projeto requer investimentos de 30 mil a 50 mil reais, beneficiando de trezentas a quinhentas pessoas. Até 2009, 5 milhões de habitantes poderão ser beneficiados em 6 mil projetos. O mercado fotovoltaico pode trazer ao Brasil 600 milhões de dólares para a energia solar.

A energia solar é uma fonte complementar fundamental e de importância crescente. Os sistemas solares mais simples de pré-aquecimento da água (não fotovoltaicos) aliviam os piques de uso de energia. Quando os chuveiros elétricos são ligados ao fim do dia em São Paulo, consomem o equivalente a uma turbina de Itaipu, deixando a Eletrobrás em alerta. Em áreas distantes e assentamentos agrícolas, o sistema solar viabiliza a irrigação e pode garantir o sucesso da reforma agrária ecológica.

Gás natural

A participação do gás natural na matriz energética mundial é de 21%. No Brasil, é de apenas 4%. Na Argentina, o gás participa da matriz com 40%. O gás natural chega a ser 80% menos poluente, comparado com outros combustíveis. Por décadas, investimos pouco para ampliar e utilizar nossas reservas. A construção do gasoduto que liga a Bolívia ao Brasil, e os programas para uso industrial e nos transportes do gás começam lentamente a transformar esse quadro. Uma imensa reserva de gás natural, descoberta na bacia de Santos, garantirá o abastecimento futuro a baixo preço.

Houve avanços com a conversão parcial das frotas de táxi para o gás (São Paulo e Rio de Janeiro) e atraso no caso dos ônibus. A indústria paulista utiliza o gás em 15% do seu consumo energético, com ganhos ambientais e economia de custos.

Novo modelo energético

As hidroelétricas podem ser uma boa opção de energia barata e renovável, desde que não inundem florestas primárias e nações indígenas nem desalojem compulsoriamente milhares de agricultores. Pequenas e médias hidroelétricas e também algumas muito grandes, como a Xingó, no Nordeste, têm um impacto socioambiental positivo.

A combinação dos princípios de reciclagem, descentralização e conservação de energia com os mecanismos de democratização, avaliação dos impactos ambientais e opções energéticas menos agressivas, promoverá mudanças substanciais na matriz energética e na economia global de energia, garantindo amplo acesso da energia às populações e simultaneamente menor impacto nas florestas, no efeito estufa, na redução do lixo atômico e na conservação dos recursos hídricos.

Considerações finais

O progresso da divulgação e implementação de princípios e programas ecológicos no Brasil nos últimos quinze anos é significativo se comparado ao período anterior, quando essas teses eram desqualificadas e desprezadas. Mas em face do volume e da intensidade das agressões à Amazônia, à mata Atlântica, aos rios, às áreas urbanas e aos ambientes de trabalho, vê-se que ainda estamos no início de uma longa caminhada.

Analisando os principais avanços e as principais derrotas ecológicas nos últimos anos, conclui-se que a mudança de posturas, de prioridades nos investimentos e nas tecnologias é lenta e se propaga em ondas com base em experiências bem-sucedidas. Mais importante do que dez panfletos com denúncias de agressões (que são necessários) é a realização, ainda que localizada, desses projetos e programas.

A participação da sociedade civil, por ONGs, das universidades, associações e sindicatos, é decisiva sobretudo quando, em parceria com empresas e governos locais, implantam-se projetos de conservação, de reciclagem, de educação ambiental e de fiscalização que sinalizam o novo tipo de comportamento desejado e necessário.

A implantação de um modelo de desenvolvimento socialmente justo e ecologicamente sustentado supõe mudanças radicais na consciência da sociedade e nos comportamentos de empresas, governos, Justiça e nas políticas econômicas, agrícolas e industriais.

Pouco adianta haver um Ministério do Meio Ambiente correto e ativo, se os demais ministérios que traçam as políticas industriais, de transportes e agrícolas minimizam os fatores ambientais e sociais nas suas decisões. Apenas recentemente, projetos como o da transposição do rio São Francisco, a retomada do Pró-álcool, o subsídio ao biodiesel e a lei da mata Atlântica partem da integração dos vários ministérios sob um prisma ambiental.

Continuará restrito o impacto das descobertas de alternativas tecnológicas menos poluentes por cientistas e pesquisadores caso elas não ultrapassem os muros da academia e os movimentos sociais e sindicais nem sequer tenham conhecimento de sua existência.

As leis ecológicas continuarão com reduzida eficácia, caso os órgãos ambientais sigam desequipados e com pouco poder político e a Justiça permaneça insensível às consequências dos crimes ambientais, alimentando a impunidade. Nos países desenvolvidos, os governos destinaram parcelas maiores do orçamento aos órgãos ambientais por causa das cobranças persistentes da sociedade. A Justiça nesses países age de forma implacável contra os crimes ambientais, pelo fato de a sociedade não tolerar a impunidade e porque a própria formação técnica dos juízes incorpora o conhecimento detalhado da legislação ambiental. As polícias e o Ministério Público nesses países têm divisões especializadas de meio ambiente, com grande capacidade de investigação e formação dos processos há duas décadas, o que só recentemente e de forma desigual, segundo as regiões, começa a existir no Brasil.

O alerta dos cientistas e as denúncias dos ambientalistas sobre o buraco na camada de ozônio e o efeito estufa terão pouca consequência, caso não sejam implementadas soluções criativas e ecológicas para problemas como a saúde, a fome, o desemprego e a concentração latifundiária. Sem enfrentar essas questões essenciais no Brasil, o movimento ecológico ficará isolado, sem capacidade de intervenção efetiva.

Ecologia não é caso de polícia. Nunca haverá um fiscal para cada empresa que deixe vazar lixo químico irregularmente ou para cada pessoa que jogue lixo na praia. O desafio é mudar as mentalidades, os comportamentos. A base é a educação ambiental em toda a sua plenitude. Limitado resultado terá a educação ambiental, caso ela seja somente teórica e formal e não consiga desvendar os mistérios do bairro, do cotidiano e da economia e apontar para mudanças reais de práticas e de comportamentos.

Lenta será a transformação tecnológica das fábricas, caso a maior parte do movimento sindical, como sucede atualmente, não incorpore essa questão como prioridade. As federações de indústrias, como a Fiesp em São Paulo e a Firjan no Rio de Janeiro, além de formar conselhos de meio ambiente, devem orientar efetivamente as indústrias associadas a cumprirem a legislação ambiental, evitando a degradação do ambiente. As multinacionais e os governos dos países desenvolvidos devem orientar as filiais nos países em desenvolvimento a adotar os mesmos cuidados e técnicas implementados nos países de origem, pois afinal o planeta é um só.

O desafio imposto é de dimensão filosófica, política e civilizatória. Pensar global e localmente e agir local e globalmente implica alimentar grandes utopias, ampliar e utilizar conhecimentos científicos e estabelecer uma ampla frente de atuação, capaz de transformar desigualdades, agressões e desperdícios em práticas e atividades integradas por outros princípios, tendo a natureza como aliada e a autonomia e as liberdades como oxigênio vital.

Bibliografia

ACOT, Pascal. *História da ecologia*. Rio de Janeiro, Campus, 1990.

ALENCAR, Francisco, CARPI, Lúcia e RIBEIRO, Marco Venício. *História da sociedade brasileira*. Rio de Janeiro, Ao Livro Técnico, 1991.

BULL, David e HATHAWAY, David. *Pragas e venenos: agrotóxicos no Brasil e no Terceiro Mundo*. Rio de Janeiro, Vozes/Fase, 1986.

CAPRA, Fritjof. *O Tao da física*. São Paulo, Cultrix, 1988.

CASTRO, Josué de. *Geografia da fome*. Rio de Janeiro, Antares/Achiamé, 1980.

CEDI, *Povos indígenas no Brasil/83*. São Paulo, 1985.

CONSELHO INDIGENISTA MISSIONÁRIO (Cimi). *Violência contra os povos indígenas no Brasil: 1945-1995*. São Paulo, 1996.

DEAN, Warren. *A ferro e fogo — A história da devastação da mata Atlântica*. São Paulo, Companhia das Letras, 1997.

DELGADO, Pedro Gabriel. *As razões da tutela*. Rio de Janeiro, Te Corá, 1992.

DUMONT, René. *L'Utopie ou la mort!* Paris, Du Seuil, 1973.

DUPUY, Jean-Pierre. *Introdução à crítica da Ecologia Política*. Rio de Janeiro, Civilização Brasileira, 1980.

FERNANDES, Florestan. *A revolução burguesa no Brasil*, 3. ed. Rio de Janeiro, Zahar, 1976.

FERNANDES, Rui. Revista *Ecologia e Desenvolvimento*, n. 38, Rio de Janeiro, abril de 1994.

FURTADO, Celso. *A economia latino-americana*. São Paulo, Companhia Editora Nacional, 1976.

GABEIRA, Fernando. *Goiânia, Rua 57 — O nuclear na terra do sol*. São Paulo, Guanabara, 1988.

GENRO, Tarso. *Utopia possível*. Porto Alegre, Artes e Ofícios, 1995.

GIRARDI, Giulio. *Os excluídos construirão a nova história?* São Paulo, Ática, 1996.

GORZ, André. *Écologie et Politique*. Paris, Du Seuil, 1978.

_____. "Saindo da sociedade do trabalho assalariado". In *Questões urbanas*, v. 9, n. 3, São Paulo, Perspectiva, 1995.

HANDLER, Joshua e ARKIN, William. *Neptune papers*, ns. 3-5. Washington, Institute for Policy Studies, junho de 1989, abril de 1990 e setembro de 1990.

HIRSCHMAN, Albert. *A retórica da intransigência*. São Paulo, Companhia das Letras, 1995.

ILLICH, Ivan. *La convivialité*. Paris, Du Seuil, 1973.

_____. *Sociedade sem escolas*. 6. ed. Petrópolis, Vozes, 1982.

INSTITUTO BRASILEIRO DE ADMINISTRAÇÃO MUNICIPAL. *Consulta nacional sobre a gestão do saneamento e do meio ambiente urbano*. Rio de Janeiro, Ibam, 1995.

JACOBI, Pedro. Revista *Espaço e debates*. n. 2, 4 e 9, São Paulo, Cortez, 1981 e 1983.

JUNIOR, Barrington Moore. *As origens sociais da ditadura e da democracia — Senhores e camponeses na construção do mundo moderno*. Lisboa, Cosmo, 1976.

LAGO, Antônio e PÁDUA, José Augusto. *O que é ecologia*. Coleção Primeiros Passos. São Paulo, Brasiliense, 1984.

MEADOWS, Donella e Dennis e Randers, Joren. *Limites do crescimento*. São Paulo, Perspectiva, 1978.

PROGRAMA DAS NAÇÕES UNIDAS PARA O DESENVOLVIMENTO (PNUD). *Informe sobre desarrollo humano*, Madri, julho de 1996.

RAMALHO, Cristiane de e SUMMA, Giancarlo. Revista *Ecologia e Desenvolvimento*. n. 18, Rio de Janeiro, 1992.

THE OBSERVER. *Chernobyl: o fim do sonho nuclear*. Rio de Janeiro, José Olympio, 1986.

UI, Jun. *Interdisciplinaridade e Ciências Humanas*. Technos/Unesco, 1982.

UTZIG, José Eduardo. "Orçamento Participativo". In Revista *Novos Estudos Cebrap*, n. 45. São Paulo, Brasileira de Ciências, julho de 1996.

VALADARES, Lícia do Prado. *Debates urbanos*. ns. 3-5. Rio de Janeiro, Zahar, 1992, 1993 e 1994.

VENTURA, Zuenir. *Cidade partida*. São Paulo, Companhia das Letras, 1994.

VERRIÈRE, Jacques. *Políticas de população*. São Paulo, Difel, 1980.

WILSON, Edward. *Diversidade da vida*. São Paulo, Companhia das Letras, 1994.